1+X 职业技能鉴定考核指导手册

数控车工

四级

编审委员会

主　　任　仇朝东

委　　员　葛恒双　顾卫东　宋志宏　杨武星　孙兴旺
　　　　　刘汉成　张　伟

执行委员　孙兴旺　张鸿樑　李　晔　瞿伟洁

中国劳动社会保障出版社

图书在版编目（CIP）数据

数控车工：四级/上海市职业培训研究发展中心组织编写. —北京：中国劳动社会保障出版社，2010

1+X职业技能鉴定考核指导手册

ISBN 978-7-5045-8378-9

Ⅰ.①数… Ⅱ.①上… Ⅲ.①数控机床：车床-车削-职业技能鉴定-自学参考资料 Ⅳ.①TG519.1

中国版本图书馆CIP数据核字(2010)第127047号

中国劳动社会保障出版社出版发行

（北京市惠新东街1号 邮政编码：100029）

责任编辑：张梦欣

*

新华书店经销

北京地质印刷厂印刷 三河市华东印刷装订厂装订

787毫米×960毫米 16开本 18.25印张 295千字

2010年7月第1版 2014年1月第6次印刷

定价：31.00元

读者服务部电话：010-64929211/64921644/84643933

发行部电话：010-64961894

出版社网址：http://www.class.com.cn

前　言

职业资格证书制度的推行，对广大劳动者系统地学习相关职业的知识和技能，提高就业能力、工作能力和职业转换能力有着重要的作用和意义，也为企业合理用工以及劳动者自主择业提供了依据。

随着我国科技进步、产业结构调整以及市场经济的不断发展，特别是加入世界贸易组织以后，各种新兴职业不断涌现，传统职业的知识和技术也越来越多地融进当代新知识、新技术、新工艺的内容。为适应新形势的发展，优化劳动力素质，上海市人力资源和社会保障局在提升职业标准、完善技能鉴定方面做了积极的探索和尝试，推出了1＋X培训鉴定模式。1＋X中的1代表国家职业标准，X是为适应上海市经济发展的需要，对职业标准进行的提升，包括了对职业的部分知识和技能要求进行的扩充和更新。上海市1＋X的培训鉴定模式，得到了国家人力资源和社会保障部的肯定。

为配合上海市开展的1＋X培训与鉴定考核的需要，使广大职业培训鉴定领域专家以及参加职业培训鉴定的考生对考核内容和具体考核要求有一个全面的了解，人力资源和社会保障部教材办公室、中国就业培训技术指导中心上海分中心、上海市职业培训研究发展中心联合组织有关方面的专家、技术人员共同编写了《1＋X职业技能鉴定考核指导手册》。该手册由“理论知识复习题”“操作技能复习题”和“理论知识模拟试卷及操作技能模拟试卷”三大块内容组成，书中介绍了题库的命题依据、试卷结构和题型题量，同时从上海市1+X鉴定题库中抽取部分理论知识题、操作技能试题和模拟样卷供考生参考和练习，便于考生能够有针对性地进行考前复习准备。今后我们会随着国家职业标准以及鉴定题库的提升，逐步对手册内容进行补充和完善。

本系列手册在编写过程中，得到了有关专家和技术人员的大力支持，在此一并表示感谢。

由于时间仓促，缺乏经验，如有不足之处，恳请各使用单位和个人提出宝贵的意见和建议。

1+X职业技能鉴定考核指导手册

编审委员会

28. 复制＋粘贴和剪切＋粘贴的共同点是（　　）。

A. 生成目标文件，删除源文件　　B. 生成目标文件，不删除源文件

C. 生成目标文件　　D. 删除源文件

29. 压力加工性能主要取决于金属材料的（　　）。

A. 塑性　　B. 导电性　　C. 导热性　　D. 磁性

30. 铸造性能主要取决于金属材料的（　　）。

A. 塑性　　B. 导电性　　C. 导热性　　D. 流动性

31. 对切削加工性有害的夹杂物是（　　）。

A. S　　B. P　　C. WC　　D. Ca

32. 下列材料中切削加工性最好的是（　　）。

A. 铸铁　　B. 低碳钢　　C. 中碳钢　　D. 有色金属

33. 调质钢的含碳量一般为（　　）。

A. ＜0.25％　　B. 0.25％～0.3％

C. 0.3％～0.6％　　D. ＞0.6％

34. 用于制造各种板材的碳素钢是（　　）。

A. 低碳钢　　B. 中碳钢　　C. 高碳钢　　D. 不加限制

35. 合金结构钢的合金元素总量不超过（　　）。

A. 3％　　B. 4％　　C. 5％　　D. 6％

36. 轴承钢中最基本的合金元素是（　　）。

A. Cr　　B. Mn　　C. Ti　　D. V

37. 高速钢又称（　　）。

A. 轴承钢　　B. 锋钢　　C. 弹簧钢　　D. 渗氮钢

38. 高速钢主要用于制造（　　）。

A. 冷作模具　　B. 切削刀具　　C. 高温弹簧　　D. 高温轴承

39. 主要用于制作医疗器具的不锈钢是（　　）。

A. 1Cr13　　B. 3Cr13　　C. 1Cr17　　D. 1Cr17Ni2

40. 耐热钢在高温下具有（　　）。

A. 高硬度　B. 高强度　C. 高耐蚀性　D. 高耐磨性

41. 石墨呈片状的铸铁是（　　）。

A. 灰铸铁　B. 可锻铸铁　C. 球墨铸铁　D. 蠕墨铸铁

42. 灰铸铁主要用来制造（　　）等零件。

A. 轴　B. 键　C. 凸轮　D. 箱体

43. 石墨呈团絮状的铸铁是（　　）。

A. 灰铸铁　B. 可锻铸铁　C. 球墨铸铁　D. 蠕墨铸铁

44. 铁素体可锻铸铁可部分替代（　　）。

A. 碳钢　B. 合金钢　C. 有色金属　D. 球墨铸铁

45. 石墨呈球状的铸铁是（　　）。

A. 灰铸铁　B. 可锻铸铁　C. 球墨铸铁　D. 蠕墨铸铁

46. 球墨铸铁的屈强比是钢的（　　）。

A. 0.8 倍　B. 1 倍　C. 1.5 倍　D. 2 倍

47. 纯铝的（　　）。

A. 塑性好　B. 切削性好　C. 强度较高　D. 硬度不低

48. 纯度最高的纯铝是（　　）。

A. L1　B. L2　C. L4　D. L6

49. 在变形铝合金中应用最广的是（　　）。

A. 防锈铝合金　B. 硬铝合金　C. 超硬铝合金　D. 锻铝合金

50. 常用于制作各类低压油罐的变形铝合金是（　　）。

A. 防锈铝合金　B. 硬铝合金　C. 超硬铝合金　D. 锻铝合金

51. 纯度最高的纯铜是（　　）。

A. T1　B. T2　C. T3　D. TU1

52. 用来配制高级铜合金的纯铜是（　　）。

A. T1、T2　B. T1、T3　C. T2、T3　D. T1、T2、T3

53. 普通黄铜常用于制造（　　）。

A. 齿轮　B. 弹簧　C. 键　D. 销

54. 用来制造强度较高和化学性能稳定零件的铜合金是（ ）。

A. 普通黄铜　　B. 特殊黄铜

C. 压力加工用黄铜　　D. 铸造用黄铜

55. ABS工程塑料的成型温度约为（ ）。

A. 200～230℃　B. 230～260℃　C. 240～265℃　D. 270～300℃

56. ABS工程塑料适合制作薄壁及形状复杂的零件是因为其（ ）。

A. 冲击强度高　B. 尺寸稳定性好　C. 机械加工性好　D. 加工流动性好

57. 常温下，冷却方式最快的是（ ）。

A. 水冷　B. 盐水冷却　C. 油冷　D. 空气冷却

58. 常温下，冷却方式最慢的是（ ）。

A. 水冷　B. 盐水冷却　C. 油冷　D. 空气冷却

59. 完全退火的适用范围是（ ）的铸件或锻件。

A. 碳素钢　B. 合金钢　C. 高碳合金钢　D. 中、低碳合金钢

60. 球化退火的适用范围是（ ）。

A. 碳素钢　　B. 合金钢

C. 含碳量小于0.6%的碳素钢　　D. 含碳量大于0.8%的碳素钢和合金工具钢

61. 对低碳钢或低碳合金钢，正火的目的是（ ）。

A. 细化晶粒　B. 降低硬度　C. 提高塑性　D. 改善切削加工性

62. 正火后钢件的强度和硬度均比（ ）高。

A. 调质处理　B. 退火　C. 淬火　D. 回火

63. 钢件强化最重要的热处理方法是（ ）。

A. 退火　B. 正火　C. 淬火　D. 回火

64. 容易产生开裂的淬火是（ ）。

A. 单液淬火　B. 双液淬火　C. 分级淬火　D. 等温淬火

65. 中温回火主要用于（ ）。

A. 刀具　B. 模具　C. 量具　D. 主轴

66. 低温回火一般不用于（ ）。

A. 刀具　B. 模具　C. 量具　D. 主轴

67. 调质处理的钢件主要是（　）。

A. 主轴　B. 模具　C. 量具　D. 刀具

68. 不适合采用调质处理的钢件是（　）。

A. 主轴　B. 齿轮　C. 冲击工具　D. 连杆

69. 时效处理的对象主要是（　）。

A. 碳钢　B. 合金钢　C. 一般零件　D. 精密量具

70. 低温或动载荷条件下，稳定钢材组织和尺寸的有效热处理方法是（　）。

A. 退火　B. 正火　C. 时效处理　D. 调质处理

71. 氰化处理就是（　）。

A. 渗碳　B. 渗氮　C. 碳氮共渗　D. 渗金属

72. 使钢件表层合金化的热处理是（　）。

A. 渗碳　B. 渗氮　C. 碳氮共渗　D. 渗金属

73. 不属于摩擦传动的传动带类型是（　）。

A. 平带　B. V 带　C. 圆带　D. 同步带

74. V 带传动的最大工作应力位于（　）。

A. 小带轮运动的出口处　B. 小带轮运动的入口处

C. 大带轮运动的出口处　D. 大带轮运动的入口处

75. V 带型号最小的是（　）型。

A. Y　B. Z　C. A　D. B

76. V 带传动的工作速度一般在（　）之间。

A. 75～100 m/s　B. 50～75 m/s　C. 25～50 m/s　D. 5～25 m/s

77. 传动链的工作速度一般应小于（　）。

A. 25 m/s　B. 20 m/s　C. 15 m/s　D. 10 m/s

78. 用于运输机械的驱动输送链属于（　）。

A. 牵引链　B. 套筒滚子链　C. 齿型链　D. 起重链

79. 链传动不宜用在（　）的传动中。

A. 多尘环境 B. 潮湿环境 C. 有污染 D. 急速反向

80. 传动链经常使用的功率范围应小于（ ）。

A. 60 kW B. 70 kW C. 90 kW D. 100 kW

81. 渐开线齿轮传动的平稳性好主要是由于（ ）。

A. 制造精度高 B. 传动效率高 C. 安装要求高 D. 法向作用力方向不变

82. 齿轮传动的主要缺点是（ ）。

A. 瞬时传动比不准确 B. 适用的功率和速度范围小

C. 传动效率不高 D. 不适用于远距离传动

83. 标准直齿圆柱齿轮传动的最大重合系数略小于（ ）。

A. 3 B. 2.5 C. 2 D. 1.5

84. 渐开线齿轮传动的可分离性意指（ ）。

A. 中心距发生变化，齿轮的瞬时传动比仍恒定不变

B. 中心距略有变化，齿轮的瞬时传动比仍恒定不变

C. 齿数比发生变化，齿轮的瞬时传动比仍恒定不变

D. 齿数比略有变化，齿轮的瞬时传动比仍恒定不变

85. 传递功率和速度范围最大的是（ ）。

A. 带传动 B. 齿轮传动 C. 链传动 D. 摩擦轮传动

86. 工作可靠性最好的传动是（ ）。

A. 带传动 B. 摩擦轮传动 C. 链传动 D. 齿轮传动

87. 螺旋千斤顶属于（ ）。

A. 传力螺旋 B. 传导螺旋 C. 调整螺旋 D. 差动螺旋

88. 机床进给结构的螺旋属于（ ）。

A. 传力螺旋 B. 传导螺旋 C. 调整螺旋 D. 差动螺旋

89. 数控机床的进给传动一般使用（ ）。

A. 滑动螺旋 B. 滚动螺旋 C. 静压螺旋 D. 没有要求

90. 高精度、高效率的重要传动中可使用（ ）。

A. 滑动螺旋 B. 滚动螺旋 C. 静压螺旋 D. 差动螺旋

91. 当被连接件不带螺纹时，可使用（　　）。

A. 螺栓连接　B. 定位螺钉连接　C. 普通螺钉连接　D. 紧定螺钉连接

92. 需经常装拆、被连接件之一厚度较大，可采用（　　）。

A. 螺栓连接　B. 双头螺柱连接　C. 普通螺钉连接　D. 紧定螺钉连接

93. 平键的宽度公差一般选（　　）。

A. h8　B. H8　C. h9　D. H9

94. 平键的工作表面为（　　）。

A. 顶面　B. 底面　C. 端面　D. 侧面

95. 便于安装的定位销是（　　）。

A. 普通圆柱销　B. 普通圆锥销　C. 弹性圆柱销　D. 内螺纹圆柱销

96. 多次装拆后会影响定位精度的定位销是（　　）。

A. 普通圆柱销　B. 普通圆锥销　C. 弹性圆柱销　D. 开口销

97. 不产生任何冲击的从动件运动规律是（　　）。

A. 等速运动规律　B. 等加速、等减速运动规律

C. 余弦加速度运动规律　D. 正弦加速度运动规律

98. 尖端从动件的特点是（　　）。

A. 与凸轮线接触　B. 压力小

C. 不易磨损　D. 运动精确

99. 等速运动规律一般用于（　　）场合。

A. 高速轻载　B. 中速重载　C. 低速重载　D. 低速轻载

100. 正弦加速度运动规律可用于（　　）场合。

A. 高速轻载　B. 中速重载　C. 高速重载　D. 低速轻载

101. 仅承受弯矩的轴称为（　　）。

A. 心轴　B. 转轴　C. 传动轴　D. 直轴

102. 仅承受转矩的轴称为（　　）。

A. 心轴　B. 转轴　C. 传动轴　D. 直轴

103. 深沟球轴承的基本代号为（　　）。

A. 2200　　B. 3200　　C. 6200　　D. 7200

104. 角接触球轴承的基本代号为（　　）。

A. 2200　　B. 3200　　C. 6200　　D. 7200

105. 极限转速最高的是（　　）轴承。

A. 7类　　B. 6类　　C. 5类　　D. 3类

106. 不允许有偏转角的轴承类型是（　　）。

A. 7类　　B. 6类　　C. 5类　　D. 3类

107. 油箱属于（　　）。

A. 能源装置　　B. 控制调节装置　　C. 执行装置　　D. 辅助装置

108. 液压泵属于（　　）。

A. 能源装置　　B. 控制调节装置　　C. 执行装置　　D. 辅助装置

109. 与液压传动相比，气压传动的优点是（　　）。

A. 无泄漏　　B. 无污染　　C. 工作更平稳　　D. 传动效率高

110. 液压传动与气压传动的共同优点是（　　）。

A. 无泄漏　　B. 可过载保护　　C. 工作平稳性好　　D. 传动效率高

111. 目前90%以上的液压系统采用（　　）液压油。

A. 石油型　　B. 合成型　　C. 乳化型　　D. 混合型

112. 在易燃、易爆的工作场合，不应使用（　　）液压油。

A. 乳化型　　B. 合成型　　C. 石油型　　D. 混合型

113. 节流阀控制油液的（　　）。

A. 压力　　B. 流速　　C. 流向　　D. 通断

114. 顺序阀控制油液的（　　）。

A. 压力　　B. 流速　　C. 流向　　D. 通断

115. 溢流阀控制空气的（　　）。

A. 压力　　B. 流速　　C. 流向　　D. 通断

116. 安全阀就是（　　）。

A. 减压阀　　B. 顺序阀　　C. 溢流阀　　D. 节流阀

117. 电磁铁属于（　　）。

A. 控制电器　B. 主令电器　C. 保护电器　D. 执行电器

118. 继电器属于（　　）。

A. 控制电器　B. 主令电器　C. 保护电器　D. 执行电器

119. 电梯的快慢速自动切换是低压电器的（　　）。

A. 控制作用　B. 保护作用　C. 调节作用　D. 指示作用

120. 房间温湿度的自动调整是低压电器的（　　）。

A. 控制作用　B. 保护作用　C. 调节作用　D. 指示作用

121. 刀开关可用来（　　）。

A. 自动接通电路　B. 自动断开电路

C. 手动接通或断开电路　D. 自动接通或断开电路

122. 用刀开关来分断负载电流时，应选择（　　）的刀开关。

A. 杠杆传动　B. 板后接线　C. 侧面操作　D. 带灭弧装置

123. 电磁脱扣器的作用是（　　）。

A. 失压保护　B. 短路保护　C. 过载保护　D. 高压保护

124. 热脱扣器的作用是（　　）。

A. 失压保护　B. 短路保护　C. 过载保护　D. 高压保护

125. 电力驱动系统中电动机的启动、制动和调速常由（　　）来控制。

A. 控制电器　B. 主令电器　C. 保护电器　D. 执行电器

126. 紧急开关属于（　　）。

A. 控制电器　B. 执行电器　C. 保护电器　D. 主令电器

127. 常开按钮即（　　）。

A. 停止按钮　B. 启动按钮　C. 通断按钮　D. 复合按钮

128. 常闭按钮即（　　）。

A. 停止按钮　B. 启动按钮　C. 动合按钮　D. 复合按钮

129. 配电装置线路的转换和遥控由（　　）控制。

A. 控制按钮　B. 行程开关　C. 接近开关　D. 万能转换开关

130. 电压表或电流表的换相测量控制由（　）完成。

A. 控制按钮　B. 行程开关　C. 万能转换开关　D. 接近开关

131. 常用电容式接近开关的型号是（　）。

A. LJ1　B. LJ2　C. LJ3　D. LXJ15

132. 常用电感式接近开关的型号是（　）。

A. LXJ15　B. LJ1　C. TC　D. LXJ10

133. 对于容量小的电动机和照明支线，应选用的熔断器为（　）。

A. RT0　B. RL1　C. RM10　D. RQA

134. 对于较大容量的电动机和照明干线，应选用的熔断器为（　）。

A. RT0　B. RT12　C. RM10　D. RQA

135. 直流接触器常用的电压等级为（　）。

A. 380 V　B. 220 V　C. 500 V　D. 127 V

136. 交流接触器常用的电压等级为（　）。

A. 110 V　B. 440 V　C. 660 V　D. 127 V

137. 当外界温度达到规定值时产生动作的继电器是（　）。

A. 电磁继电器 B. 温度继电器　C. 热继电器　D. 时间继电器

138. 热继电器通常采用的双金属片材料是（　）。

A. 铝合金　B. 铜合金　C. 钛合金　D. 铁镍和铁镍铬合金

139. 万用表测电阻时，指针应指在刻度尺的（　）处。

A. 1/4～2/4　B. 1/3～2/3　C. 1/2～2/3　D. 2/3～3/4

140. 事先不清楚被测电压的大小，应选择（　）量程。

A. 最低　B. 中间　C. 偏高　D. 最高

141. 直流电动机的最大优点是（　）。

A. 承载能力大　B. 可靠性好

C. 调速平稳、经济　D. 维护方便

142. 直流电动机的额定电压一般为（　）。

A. 110 V 和 220 V　B. 115 V 和 230 V

C. 220 V 和 380 V　　D. 110 V 和 380 V

143. 三相异步电动机直接启动的电流约为额定电流的（　）。

A. 1～2 倍　B. 2～3 倍　C. 3～5 倍　D. 5～7 倍

144. 国产的三相异步电动机，其定子绕组的电流频率规定用（　）。

A. 50 Hz　B. 100 Hz　C. 150 Hz　D. 200 Hz

145. 常用的短路保护元件是（　）。

A. 热继电器　B. 熔断器和断路器

C. KHV　D. 过电流继电器

146. 零电压保护元件是（　）。

A. 热继电器　B. 熔断器和断路器

C. KHV　D. 过电流继电器

147. 使用寿命长、操作频率高的行程开关是（　）。

A. 触头非瞬时动作开关　B. 触头瞬时动作开关

C. 微动开关　D. 无触点行程开关

148. 半导体行程开关属于（　）。

A. 触头非瞬时动作行程开关　B. 触头瞬时动作行程开关

C. 微动开关　D. 无触点行程开关

149. 企业所有行为的准则就是（　）。

A. 战略方针　B. 质量方针　C. 安全方针　D. 市场方针

150. 企业质量文化的旗帜就是（　）。

A. 战略方针　B. 质量方针　C. 安全方针　D. 市场方针

151. 努力使企业的每一个员工都来关心产品质量体现了（　）的思想。

A. 全员管理　B. 全面管理　C. 全过程管理　D. 全面方法管理

152. 产品质量形成于生产活动的全过程，所以要施行（　）。

A. 全过程管理　B. 全面管理　C. 全员管理　D. 全面方法管理

153. 产品质量的正常波动是不可避免的，如（　）。

A. 机床振动过大　B. 原材料质量的不合格

C. 刀具过度磨损　　　　D. 量具的测量误差

154. 企业里各种各样的规范不包含（　　）。

A. 规程　　B. 规则　　C. 爱好　　D. 要领

155. 安全色中的红色表示（　　）。

A. 禁止、停止　　　　B. 注意、警告

C. 指令、必须遵守　　　　D. 通行、安全

156. 安全色中的黄色表示（　　）。

A. 禁止、停止　　　　B. 注意、警告

C. 指令、必须遵守　　　　D. 通行、安全

157. 不属于劳动防护用品的是（　　）。

A. 安全帽　　B. 安全鞋　　C. 防护眼镜　　D. 防护手套

158. 属于违章操作而不属于违反劳动纪律的行为是（　　）。

A. 迟到、早退　　　　B. 工作时间干私活

C. 擅自用手代替工具操作　　　　D. 上班下棋、看电视

159. 用屏障或围栏防止触及带电体是（　　）。

A. 绝缘　　B. 屏护　　C. 漏电保护装置　　D. 安全电压

160. 不属于安全电压的是（　　）。

A. 110 V　　B. 42 V　　C. 24 V　　D. 12 V

161. 飞出的切屑打入眼睛造成眼睛受伤属于（　　）。

A. 绞伤　　B. 物体打击　　C. 烫伤　　D. 刺割伤

162. 旋转的零部件甩出来将人击伤属于（　　）。

A. 绞伤　　B. 物体打击　　C. 烫伤　　D. 刺割伤

163. 将可燃物从着火区搬走是（　　）。

A. 隔离法　　B. 冷却法　　C. 窒息法　　D. 扑打法

164. 用不燃物捂盖燃烧物属（　　）。

A. 隔离法　　B. 冷却法　　C. 窒息法　　D. 扑打法

165. 打击侵犯他人商业秘密的行为属于（　　）。

A. 保护发明专利　　　　　　　　　B. 制止不正当竞争

C. 保护版权　　　　　　　　　　　D. 保护高新技术产权

166.《保护计算机软件示范条约》是（　　）。

A. 保护发明专利　　　　　　　　　B. 制止不正当竞争

C. 保护版权　　　　　　　　　　　D. 保护高新技术产权

加工准备

一、判断题（将判断结果填入括号中。正确的填“√”，错误的填“×”）

1. 不论机件的形状结构是简单还是复杂，选用的基本视图中都必须要有主视图。（　　）

2. 当剖切平面通过零件的对称平面或基本对称的平面，而剖视图又按投影关系配置时，可省略一切标注。（　　）

3. 在一般情况下，断面图只画出零件的断面形状，但当剖切平面通过非圆孔、槽时，这些结构应按剖视画出。（　　）

4. 局部放大图标注尺寸时，应按放大图的比例同步放大。（　　）

5. 有时根据零件的功能、加工和测量的需要，在同一方向要增加一些尺寸基准，但同一方向只有一个主要基准。（　　）

6. 零件标注尺寸时，只需考虑设计基准，无须考虑加工和测量。（　　）

7. 不通螺孔，其深度尺寸必须与螺孔直径连注，不可分开标注。（　　）

8. 公差＝最大极限尺寸－最小极限尺寸＝上偏差－下偏差。（　　）

9. 基轴制：基本偏差为 H 的轴的公差带与不同基本偏差的孔的公差带形成各种配合的制度。（　　）

10. 对称度公差为 0.1，意思是被测要素与基准要素之间的允许变动量为 0.1。（　　）

11. 表面粗糙度可同时标出上、下限参数值，也可只标下限参数值。（　　）

12. 标题栏用来填写零件的名称、材料、数量、代号、比例及图样的责任者签名等内容。（　　）

13. 对于某些零件，可按其在机械加工时所处的位置画出主视图，这样在加工时便于看图。（ ）

14. 零件的某个方向可能会有两个或两个以上的基准。一般只有一个是主要基准，其他为次要基准，或称辅助基准。（ ）

15. 基孔制配合：基本偏差为一定的孔的公差带，与不同基本偏差的轴的公差带形成各种配合的一种制度。（ ）

16. 不管是内螺纹还是外螺纹，其剖视图或断面图上的剖面线都必须画到粗实线。（ ）

17. 单个齿轮的规定画法：在剖视图中，当剖切平面通过齿轮的轴线时，轮齿一律按不剖处理。（ ）

18. 在机械加工中，一个工件在同一时刻只能占据一个工位。（ ）

19. 在同一工作地长期地重复进行某一工件、某一工序的加工，为大量生产。（ ）

20. 单件生产时，应尽量利用现有的专用设备和工具。（ ）

21. 工艺搭子在零件加工完毕后，一般需保留在零件上。（ ）

22. 定位基准是用以确定加工表面与刀具相互关系的基准。（ ）

23. 定位基准与定位基准表面是一个概念，只是讲法不同而已。（ ）

24. 选择平整和光滑的毛坯表面作为粗基准，其目的是可以重复装夹使用。（ ）

25. 轴类零件常用两中心孔作为定位基准，这是遵循了“自为基准”原则。（ ）

26. 用6个支撑点就可使工件在空间的位置完全被确定下来。（ ）

27. 工件定位时，若夹具上的定位点不足6个，则肯定不会出现过定位。（ ）

28. 定位基准需经加工，才能采用V形块定位。（ ）

29. 具有独立的定位作用且能限制工件自由度的支撑，称为辅助支撑。（ ）

30. 工件在夹紧后不能动了，就表示工件定位正确。（ ）

31. 为减小工件变形，薄壁工件应尽可能不用径向夹紧的方法，而采用轴向夹紧的方法。（ ）

32. 夹紧力的作用点应与支撑件相对，否则工件容易变形和不稳固。（ ）

33. 自动定心夹紧机构能使工件同时得到定心和夹紧。（ ）

34. 定位和夹紧是两个不同的概念。（ ）

35. 三爪自定心卡盘能自定中心，夹紧迅速，但夹紧力小，适用于装夹中小型、形状规则的工件。（ ）

36. 在车床上加工细长轴时，为了减小工件的变形，可使用中心架或跟刀架。（ ）

37. 当工件既要求定心精度高，又要装卸方便时，常以圆柱孔在小锥度心轴上定位。（ ）

38. 利用专用夹具定位，被加工工件可迅速而准确地安装在夹具中，因此中批以上生产中广泛采用专用夹具定位。（ ）

39. 切削加工中进给运动可以是一个、两个或多个，甚至没有。（ ）

40. 切削用量包括切削速度、进给量和背吃刀量。（ ）

41. 断续切削时，为减小冲击和热应力，要适当降低切削速度。（ ）

42. 切削层公称横截面形状与主偏角的大小、刀尖圆弧半径的大小、主切削刃的形状有关。（ ）

43. 在刀具的切削部分，切屑流出经过的表面称为后面。（ ）

44. 通过切削刃上选定点，并垂直于该点切削速度方向的刀具静止角度参考平面为基面。（ ）

45. 前角是在基面内测量的。（ ）

46. 当刃倾角为负值时，切屑向已加工表面流出。（ ）

47. 当刀具作横向进给运动时，刀具的工作前角较静止前角增大，刀具的工作后角较静止后角减小。（ ）

48. 刀具材料的硬度应越高越好，不需考虑工艺性。（ ）

49. 硬质合金是一种耐磨性、耐热性、抗弯强度和冲击韧度都较高的刀具材料。（ ）

50. 硬质合金中含钴量越多，韧性越好。（ ）

51. P类（钨钛钴类）硬质合金刀具主要用于加工塑性材料。（ ）

52. 切屑在形成过程中往往塑性和韧性提高，脆性降低，为断屑形成了内在的有利条件。（ ）

53. 积屑瘤“冷焊”在前面上容易脱落，会造成切削过程的不稳定。（ ）

54. 刀具系统的系列化、标准化，有利于编程和刀具管理。（　　）

55. 可转位式车刀的夹紧结构应能满足：夹紧可靠、定位准确、排屑流畅和结构简单。（　　）

56. 车刀刀片尺寸取决于必要的有效切削刃长度。（　　）

57. 在数控加工中，应尽量少用或不用成形车刀。（　　）

58. 当圆柄车刀顶部超过四方刀架的使用范围时，可增加辅具后再使用。（　　）

59. 半精车或精车钢件时，常用的刀片牌号为 YT15。（　　）

二、单项选择题（选择一个正确的答案，将相应的字母填入题内的括号中）

1. 在基本视图表达方法中，可自由配置的视图称为（　　）。

A. 局部视图　B. 向视图　C. 后视图　D. 斜视图

2. 当机件仅用一个基本视图就能将其表达清楚时，这个基本视图为（　　）。

A. 主视图　B. 俯视图　C. 左视图　D. 说不清

3. 同一零件在各剖视图中的剖面线（　　）应一致。

A. 方向　B. 间隔　C. 方向和间隔　D. 方向和间隔不

4. 在识图时，为能准确找到剖视图的剖切位置和投影关系，剖视图一般需要标注。剖视图的标注有（　　）三项内容。

A. 箭头、字母和剖切符号　B. 箭头、字母和剖面线

C. 字母、剖切符号和剖面线　D. 箭头、剖切符号和剖面线

5. 移出断面图的标注规定：配置在视图中断处的对称移出断面，可以省略（　　）标注。

A. 箭头　B. 字母　C. 剖切符号　D. 一切

6. 移出断面图的标注规定：按投影关系配置的移出断面，可以省略（　　）标注。

A. 箭头　B. 字母　C. 剖切符号　D. 一切

7. 当回转体零件上的平面在图形中不能充分表达时，可用两条相交的（　　）表示这些平面。

A. 粗实线　B. 细实线　C. 虚线　D. 点画线

8. 较长的机件（轴、杆、型材等）沿长度方向的形状（　　）时，可断开后缩短绘制。

A. 一致或按一定规律变化　　B. 一致或无规律变化

C. 一致　　D. 按一定规律变化

9. 回转体零件上的直径尺寸，常选用回转体的（　　）作为尺寸基准。

A. 上素线　　B. 下素线　　C. 轴线　　D. 都不是

10. 轴承座零件高度方向的主要基准通常选用（　　）。

A. 底面　　B. 轴承孔轴线　　C. 上平面　　D. 都不是

11. 零件尺寸不要注成封闭的尺寸链，（　　）是选择开口环的依据。

A. 精度要求不高　　B. 简洁

C. 美观　　D. 对称

12. 当同一方向出现多个基准时，必须在（　　）之间直接标出联系尺寸。

A. 主要基准与辅助基准　　B. 主要基准与主要基准

C. 辅助基准与辅助基准　　D. 基准与基准

13. 孔的标注 3×M6，表示（　　）。

A. 3 个公称直径为 6 的光孔　　B. 3 个公称直径为 6 的螺纹孔

C. 6 个公称直径为 3 的光孔　　D. 6 个公称直径为 3 的螺纹孔

14. 退刀槽尺寸标注 21，表示（　　）。

A. 槽宽 1 mm，槽深 2 mm　　B. 槽宽 2 mm，槽深 1 mm

C. 槽宽 1 mm，槽深 1 mm　　D. 槽宽 2 mm，槽深 2 mm

15. 公差带的位置由（　　）决定。

A. 上偏差　　B. 下偏差　　C. 标准公差　　D. 基本偏差

16. 标准公差代号 IT，共（　　）等级。

A. 15 个　　B. 20 个　　C. 25 个　　D. 30 个

17. 间隙配合的特点是（　　）。

A. 孔的公差带完全在轴的公差带之上

B. 孔的公差带完全在轴的公差带之下

C. 孔的公差带完全与轴的公差带分离

D. 孔的公差带完全与轴的公差带交叠

18. 基孔制：基本偏差为（　　）的孔的公差带，与不同基本偏差的轴的公差带形成各种配合的制度。

A. E　　B. F　　C. G　　D. H

19. 平行度属于（　　）。

A. 形状公差　　B. 位置公差

C. 形状或位置公差　　D. 形状和位置公差

20. 同要素的圆度公差比尺寸公差（　　）。

A. 小　　B. 大　　C. 相等　　D. 都可以

21. 表面粗糙度参数值的单位是（　　）。

A. mm　　B. cm　　C. μm　　D. nm

22. 轮廓算术平均偏差 R_a 系列值数值从小到大以公倍数（　　）排列。

A. 1/2　　B. 1/3　　C. 2　　D. 3

23. 零件图的技术要求是指（　　）。

A. 表面粗糙度　　B. 尺寸公差和形位公差

C. 热处理或表面处理要求　　D. 都是

24. 零件图上的尺寸用于零件的（　　）。

A. 制造　　B. 检验　　C. 装配　　D. 都是

25. 一张完整的零件图，应包括（　　）四部分内容。

A. 一组视图、完整的尺寸、必要的技术要求和标题栏

B. 完整、正确、清晰和合理

C. 加工、检验、装配和调试

D. 名称、材料、数量和比例

26. 一般应把最能反映零件形状结构特征的方向确定为（　　）的投影方向。

A. 主视图　　B. 俯视图　　C. 左视图　　D. 右视图

27. 在零件图上标注尺寸，必须做到（　　）。

A. 不重复、不遗漏、正确和合理

B. 完整、正确、清晰和合理

C. 不重复、不遗漏、清晰和合理

D. 不重复、不遗漏、正确和清晰

28. 每一个零件一般应有（　　）方向的尺寸基准。

A. 3个　　B. 4个　　C. 6个　　D. 8个

29. 零件的（　　）表面都应该有粗糙度要求，并且应在图样上用代（符）号标注出来。

A. 重要　　B. 基准　　C. 每一个　　D. 外

30. 孔 $\phi25^{+0.021}_{0}$ 与轴 $\phi25^{-0.020}_{-0.033}$ 相配合时，其最大间隙是（　　）mm。

A. 0.02　　B. 0.033　　C. 0.041　　D. 0.054

31. 在投影为圆的视图上，表示牙底的细实线圆只画约（　　）。

A. 1/4 圈　　B. 2/4 圈　　C. 3/4 圈　　D. 1 圈

32. 牙底用（　　）表示（外螺纹的小径线，内螺纹的大径线）。

A. 粗实线　　B. 细实线　　C. 虚线　　D. 点画线

33. 单个齿轮的规定画法：轮齿部分的分度圆和分度线用（　　）绘制。

A. 粗实线　　B. 细实线　　C. 虚线　　D. 细点画线

34. 单个齿轮的规定画法：在剖视图中，当剖切平面通过齿轮的轴线时，齿根线用（　　）绘制。

A. 粗实线　　B. 细实线　　C. 虚线　　D. 细点画线

35. 一个工序的定义，强调的是（　　）。

A. 工作地点固定与工作连续　　B. 只能加工一个工件

C. 只能由一个工人完成　　D. 只能在一台机床上完成

36. 阶梯轴的加工过程中"掉头继续车削"属于变换了一个（　　）。

A. 工序　　B. 工步　　C. 安装　　D. 走刀

37. 批量是指（　　）。

A. 每批投入制造的零件数　　B. 每年投入制造的零件数

C. 一个工人一年加工的零件数　　D. 在一个产品中的零件数

38. （　　）的特点是工件的数量较多，成批地进行加工，并会周期性地重复生产。

A. 单件生产　B. 成批生产　C. 单件小批生产　D. 大批大量生产

39. 单件小批生产的特征是（　　）。

A. 毛坯粗糙，工人技术水平要求低

B. 毛坯粗糙，工人技术水平要求高

C. 毛坯精化，工人技术水平要求低

D. 毛坯精化，工人技术水平要求高

40. 成批生产中，夹具的使用特征是（　　）。

A. 采用通用夹具

B. 广泛采用专用夹具

C. 广泛采用高生产率夹具

D. 极少采用专用夹具

41. 阶梯轴的直径相差不大时，应采用的毛坯是（　　）。

A. 铸件　B. 焊接件　C. 锻件　D. 型材

42. 在制造一个形状较复杂的箱体时，常采用的毛坯是（　　）。

A. 铸件　B. 焊接件　C. 锻件　D. 型材

43. 基准是（　　）。

A. 用来确定生产对象上几何要素关系的点、线、面

B. 在工件上特意设计的测量点

C. 工件上与机床接触的点

D. 工件的运动中心

44. 零件在加工过程中使用的基准称为（　　）。

A. 设计基准　B. 装配基准　C. 定位基准　D. 测量基准

45. 套类零件以心轴定位车削外圆时，其定位基准面是（　　）。

A. 心轴外圆柱面　B. 工件内圆柱面

C. 心轴中心线　D. 工件孔中心线

46. 轴类零件以 V 形架定位时，其定位基准面是（　　）。

A. V 形架两斜面　B. 工件外圆柱面

C. V形架对称中心线　　D. 工件轴线

47. 必须保证所有加工表面都有足够的加工余量、保证零件加工表面和不加工表面之间具有一定的位置精度两个基本要求的基准称为（　）。

A. 精基准　B. 粗基准　C. 工艺基准　D. 辅助基准

48. 关于粗基准选择的下述说法中正确的是（　）。

A. 粗基准选得合适，可重复使用

B. 为保证其重要加工表面的加工余量小而均匀，应以该重要表面作粗基准

C. 选加工余量最大的表面作粗基准

D. 粗基准的选择，应尽可能使加工表面的金属切除量总和最大

49. 磨削主轴内孔时，以支撑轴颈为定位基准，其目的是使其与（　）重合。

A. 设计基准　B. 装配基准　C. 定位基准　D. 测量基准

50. 自为基准是以加工面本身作为精基准，多用于精加工或光整加工工序中，这（　）。

A. 符合基准统一原则

B. 符合基准重合原则

C. 能保证加工面的余量小而均匀

D. 能保证加工面的形状和位置精度

51. 工件在夹具中定位时，按照定位原则最多限制（　）自由度。

A. 5个　B. 6个　C. 7个　D. 8个

52. 不在一条直线上的三个支撑点，可以限制工件的（　）自由度。

A. 2个　B. 3个　C. 4个　D. 5个

53. 只有在定位基准和定位元件精度很高时，（　）才允许采用。

A. 完全定位　B. 过定位　C. 重复定位　D. 欠定位

54. 只有在（　）精度很高时，过定位才允许采用，且有利于增加工件的刚度。

A. 设计基准和定位元件　　B. 定位基准和定位元件

C. 夹紧机构　　D. 组合表面

55. 在车削中，以两顶尖装夹工件，可以限制工件的（　）自由度。

A. 2个　　B. 3个　　C. 4个　　D. 5个

56. 用“一面两销”定位，两销指的是（　　）。

A. 两个短圆柱销　　B. 短圆柱销和短圆锥销

C. 短圆柱销和削边销　　D. 短圆锥销和削边销

57. 辅助支撑的工作特点是（　　）。

A. 在定位、夹紧之前调整　　B. 在定位之后、夹紧之前调整

C. 在定位、夹紧之后调整　　D. 与定位、夹紧同时进行

58. 辅助支撑是每加工（　　）工件要调整一次。

A. 1个　　B. 10个　　C. 1批　　D. 10批

59. 保证已确定的工件位置在加工过程中不发生变更的装置，称为（　　）装置。

A. 定位　　B. 夹紧　　C. 导向　　D. 连接

60. 夹紧装置的基本要求中，重要的一条是（　　）。

A. 夹紧动作迅速　　B. 安全可靠

C. 正确施加夹紧力　　D. 结构简单

61. 夹具中确定夹紧力方向时，最好状况是力（　　）。

A. 尽可能大　　B. 尽可能小　　C. 大小应适合　　D. 大小无所谓

62. 夹紧力方向应朝向工件（　　）的方向。

A. 刚度较好　　B. 刚度较差　　C. 面积大　　D. 面积小

63. 为保证工件在夹具中加工时不会引起振动，夹紧力的作用点应选择在（　　）表面。

A. 工件未加工　　B. 靠近加工

C. 工件已加工　　D. 刚度不足的

64. 夹紧力作用点应落在（　　）或几个定位元件所形成的支撑区域内。

A. 定位元件　　B. V形架　　C. 支撑钉　　D. 支撑板

65. 夹具的动力装置中，最常见的动力源是（　　）。

A. 气动　　B. 气液联动　　C. 电磁　　D. 真空

66. 常用的夹紧机构中，对工件尺寸公差要求高的是（　　）机构。

A. 斜楔　B. 螺旋　C. 偏心　D. 铰链

67. (　　) 是指确定工件在机床上或夹具上占有正确位置的过程。

A. 定位　B. 夹紧　C. 安装　D. 定位并夹紧

68. (　　) 是指工件定位后将其固定，使其在加工过程中保持定位位置不变的操作。

A. 定位　B. 夹紧　C. 安装　D. 定位并夹紧

69. (　　) 夹紧力大，但找正较费时，适用于装夹大型或形状不规则的工件。

A. 三爪自定心卡盘　B. 四爪单动卡盘

C. 中心架　D. 跟刀架

70. 以 (　　) 装夹盘类零件，不产生基准位移误差。

A. 三爪自定心卡盘　B. 四爪单动卡盘

C. 中心架　D. 跟刀架

71. 车削细长时，要使用中心架或跟刀架来增加工件的 (　　)。

A. 刚度　B. 强度　C. 韧性　D. 耐磨性

72. 跟刀架要固定在车床的床鞍上，以抵消车削轴时的 (　　) 切削力。

A. 切向　B. 轴向　C. 径向　D. 任意方向

73. (　　) 夹紧力大，适用于轴类工件粗加工和半精加工的装夹。

A. 三爪自定心卡盘　B. 四爪单动卡盘

C. 两顶尖　D. 一夹一顶

74. 以 (　　) 装夹轴类零件，既符合基准重合原则，又能使基准统一。

A. 三爪自定心卡盘　B. 四爪单动卡盘

C. 两顶尖　D. 一夹一顶

75. 对于形状复杂、重、大的铸锻件毛坯，往往进行 (　　)。

A. 直接找正　B. 划线找正　C. 夹具定位　D. 吸盘定位

76. (　　) 费时、费力、效率低、精度差，故主要用于单件小批生产中。

A. 直接找正　B. 划线找正　C. 夹具定位　D. 吸盘定位

77. 切削加工中，(　　) 主运动。

A. 只有 1 个　B. 可以有 2 个　C. 可以有 3 个　D. 可以有多个

78. 合成切削运动是由（　　）合成的运动。

A. 主运动和进给运动　　B. 主运动和辅助运动

C. 辅助运动和进给运动　　D. 主运动、进给运动和辅助运动

79. 背吃刀量一般指工件上（　）间的垂直距离。

A. 待加工表面和过渡表面　　B. 过渡表面和已加工表面

C. 已加工表面和待加工表面　　D. 过渡表面中点和已加工表面

80. 进给量是刀具在进给运动方向上相对于（　　）的位移量。

A. 机床主轴　　B. 工件　　C. 夹具　　D. 机床工作台

81. 精加工切削用量的选择原则是（　　）。

A. v_c 增大、f 增大、a_p 增大

B. v_c 减小、f 减小、a_p 减小

C. v_c 增大、f 减小、a_p 增大

D. v_c 增大、f 减小、a_p 减小

82. 粗加工切削用量的选择原则是（　　）。

A. v_c 减小、f 增大、a_p 增大

B. v_c 减小、f 减小、a_p 减小

C. v_c 增大、f 减小、a_p 增大

D. v_c 增大、f 减小、a_p 减小

83. 切削层的形状和尺寸规定在刀具的（　　）中度量。

A. 切削平面　　B. 正交平面　　C. 基面　　D. 工作平面

84. 切削层公称宽度是沿（　　）测量的切削层尺寸。

A. 待加工表面　B. 过渡表面　　C. 已加工表面　　D. 刀具后面

85. 主切削刃是起始于切削刃上主偏角为零的点，并至少有一段切削刃拟用来在工件上切出（　　）的整段切削刃。

A. 待加工表面　B. 过渡表面　　C. 已加工表面　　D. 切屑

86. 在刀具的切削部分，（　　）担负主要的切削工作。

A. 主切削刃　　B. 副切削刃　　C. 刀尖　　D. 前面

87. 基面要垂直于假定的（　　）方向。

A. 进给运动　　B. 辅助运动　　C. 合成运动　　D. 主运动

88. 正交平面是通过切削刃选定点并同时垂直于基面和（　　）的平面。

A. 法平面　　B. 切削平面　　C. 假定工作平面　　D. 背平面

89. 在切削加工中，不能为负值的刀具静止角度是（　　）。

A. 前角　　B. 后角　　C. 刃倾角　　D. 副前角

90. 在正交平面内，（　　）之和等于 90°。

A. 前角、后角、刀尖角　　B. 前角、后角、楔角

C. 主偏角、副偏角、刀尖角　　D. 主偏角、副偏角、楔角

91. 拉刀、铰刀等应取（　　）的后角，以增加刀具刃磨次数，延长刀具的使用寿命。

A. 较大正值　　B. 较小正值　　C. 较大负值　　D. 较小负值

92. 在刀具的几何角度中，（　　）越小，刀尖强度越大，工件加工后的表面粗糙度值越小。

A. 前角　　B. 后角　　C. 刃倾角　　D. 主偏角

93. 车床上车外圆时，刀尖安装得高于工件回转中心，则刀具工作角度与标注角度相比，（　　）。

A. 前角增大，后角减小　　B. 前角减小，后角增大

C. 前角增大，后角增大　　D. 前角减小，后角减小

94. $\lambda_s=0$，$\alpha_0=8°$的切断车刀，由外圆向中心切断时，其（　　）。

A. $\alpha_{0e}>8°$　　B. $\alpha_{0e}=8°$

C. $\alpha_{0e}<8°$　　D. α_{0e}变化不确定

95. 刀具材料的硬度越高，耐磨性（　　）。

A. 越差　　B. 越好　　C. 不变　　D. 都不对

96. 金属切削刀具切削部分的材料应具备（　　）。

A. 高硬度、高耐磨性、高耐热性

B. 足够的强度与韧性

C. 良好的工艺性

D. 以上都是

97. 抗弯强度最好的刀具材料是（　　）。

A. 硬质合金　B. 合金工具钢　C. 高速钢　D. 人造金刚石

98. 制造精度较高、切削刃形状复杂，并用于切削钢材的刀具，其材料应选用（　　）。

A. 碳素工具钢　B. 硬质合金　C. 高速工具钢　D. 立方氮化硼

99. 下列K类（钨钴类）硬质合金中，（　　）韧性最好。

A. K10　B. K20　C. K30　D. K40

100. 下列P类（钨钛钴类）硬质合金中，（　　）韧性最好。

A. P10　B. P20　C. P30　D. P40

101. 常用硬质合金（　　）主要适用于铸铁、有色金属及其合金的粗加工，也可用于断续切削。

A. K01　B. K10　C. K20　D. K30

102. 常用硬质合金（　　）主要适用于碳钢、合金钢的精加工。

A. P01　B. P10　C. P20　D. P30

103. 切削塑性较大的金属材料时，形成（　　）切屑。

A. 带状　B. 挤裂　C. 粒状　D. 崩碎

104. 切削塑性金属时，形成带状切屑时切削过程最平稳，切削波动最小；形成（　　）时切削波动最大。

A. 带状切屑　B. 节状切屑　C. 粒状切屑　D. 崩碎切屑

105. 切削低碳钢时，避免产生积屑瘤的有效措施是对材料进行（　　）。

A. 正火　B. 退火　C. 淬火　D. 调质处理

106. 减小或避免积屑瘤的有效措施之一是采用大（　　）刀具切削，以减小刀具与切屑接触的压力。

A. 前角　B. 后角　C. 刃倾角　D. 主偏角

107. 高速度、高效率、高刚度和大功率是数控机床的发展趋势，因此，数控加工刀具必须具有很好的（　　）。

A. 刚度　B. 互换性　C. 可靠性　D. 精度

108. 刀具不能因切削条件有所变化而出现故障，必须具有较高的（　　）要求。

A. 刚度　　B. 互换性　　C. 可靠性　　D. 精度

109. 正三角形刀片代号为（　　），用于主偏角为60°、90°的外圆、端面、内孔车刀。

A. V　　B. D　　C. S　　D. T

110. （　　）夹紧机构的特点是定位精度高、夹紧可靠，刀片调整、装卸方便，但结构复杂，制造成本高。

A. 偏心式　　B. 杠杆式　　C. 楔块式　　D. 上压式

111. 下列刀片形状中，通用性逐渐增强的排列是（　　）。

A. 圆形，三角形，菱形，正方形

B. 菱形，三角形，正方形，圆形

C. 三角形，圆形，菱形，正方形

D. 圆形，正方形，三角形，菱形

112. 刀片的刀尖圆弧半径一般适宜选取进给量的（　　）。

A. 1～2 倍　　B. 2～3 倍　　C. 3～4 倍　　D. 4～5 倍

113. 圆弧形车刀的刀位点在该圆弧的（　　）。

A. 起始点　　B. 终止点　　C. 中点　　D. 圆心点

114. （　　）车刀特别适合于车削各种光滑连接（凹形）的成形面。

A. 尖形　　B. 圆弧形　　C. 成形　　D. 球形

115. 在条件许可时，内形（孔）加工优先选用（　　）车刀。

A. 矩形柄　　B. 正方形柄　　C. 圆柄　　D. 菱形柄

116. 圆柄车刀的刀尖高度是刀柄高度的（　　）。

A. 1/2　　B. 2/3　　C. 3/4　　D. 4/5

117. 车外螺纹时，应控制刀具角度的准确性，以及采用（　　），以利于排屑。

A. 正后角　　B. 负后角　　C. 正前角　　D. 负前角

118. 车槽时，主切削刃宽度一般为槽宽的（　　）。

A. 70%～75%　B. 75%～80%　C. 80%～90%　D. 90%～100%

数控编程

一、判断题（将判断结果填入括号中。正确的填"√"，错误的填"×"）

1. 手工编程适用于零件不太复杂、计算较简单、程序较短的场合，经济性较好。（　）

2. 数控程序最早的控制介质是磁盘。（　）

3. 不同的数控机床可能选用不同的数控系统，但数控加工程序指令都相同。（　）

4. 程序段格式演变的过程是先有文字地址格式，后发展成固定格式。（　）

5. 程序段号根据数控系统的不同，在某些系统中可以省略。（　）

6. 数控插补中的两轴分别以F指令值作为进给速度（或进给率）。（　）

7. 数控车床的进给方式有每分钟进给和每转进给两种，一般可用M指令指定。（　）

8. 如果在同一程序段中指定了两个或两个以上属于同一组的G代码时，只有最后的G代码有效。（　）

9. G代码可以分为模态G代码和非模态G代码，00组的G代码属于模态代码。（　）

10. 数控机床输入程序时，不论何种系统，坐标值不论是整数和小数都不必加入小数点。（　）

11. 目前，椭圆轨迹的数控加工一定存在节点的计算。（　）

12. 忽略机床精度，插补运动的轨迹始终与理论轨迹相同。（　）

13. 数控系统的脉冲当量越小，数控轨迹插补越精细。（　）

14. 右手直角坐标系中的拇指表示Z轴。（　）

15. 通常在命名或编程时，不论何种数控机床都一律假定工件静止、刀具运动。（　）

16. 在直角坐标系中，与主轴轴线平行或重合的轴一定是Z轴。（　）

17. 绕Z轴旋转的回转运动坐标轴是K轴。（　）

18. 机床参考点是由程序设定的一个基准点。（　）

19. 数控加工中，麻花钻的刀位点是刀具轴线与横刃的交点。（　）

20. 数控机床编程有绝对值和增量值编程之分，具体用法由图样指定而不能互相转换。（ ）

21. 数控机床编程有绝对值和增量值编程两种方法，可根据需要选择使用。（ ）

22. 辅助指令（即 M 功能）与数控装置的插补运算无关。（ ）

23. M07 属于切削液开关指令。（ ）

24. M02 表示程序段结束，光标和屏幕显示自动返回程序的开头处。（ ）

25. F150 表示控制主轴转速，使主轴转速保持在 150 r/min。（ ）

26. G97 S150 表示控制主轴转速，使切削点的速度始终保持在 150 r/min。（ ）

27. 数控车床恒线速度控制时，工件切削点直径越大，进给速度就越慢。（ ）

28. 数控车床用恒线速度控制加工端面、锥度和圆弧时，必须限制主轴的最高转速。（ ）

29. 在执行 M00 后，不仅准备功能（G 功能）停止运动，连辅助功能（M 功能）也停止运动。（ ）

30. 编制数控加工程序时，一般以机床坐标系作为编程的坐标系。（ ）

31. G53～G59 指令是工件坐标系选择指令。（ ）

32. 程序段“G50 X100.0 Z50.0;”的作用是刀具快速移动到程序段指定的位置而达到设定工件坐标系的目的。（ ）

33. 基本运动指令就是基本插补指令。（ ）

34. FANUC 0i 系统中，“G00 X100.0 Z－20.0;”与“G00 z－20.0 x100.0;”的地址大小写、次序不同，但意义相同。（ ）

35. 直线插补程序段中或直线插补程序段前必须指定进给速度。（ ）

36. 圆弧插补指令 G02 和 G03 的顺逆方向判别方法是：沿着垂直插补平面的坐标轴的负方向向正方向看去，顺时针方向为 G02，逆时针方向为 G03。（ ）

37. 圆弧插补时，Z 坐标的圆心坐标符号用 J 表示。（ ）

38. 在某一程序段中，圆弧插补整圆的终点重合于起点，用 R 无法定义，所以用圆心坐标编程。（ ）

39. 数控程序的固定循环指令的作用主要是简化编程。（ ）

40. “G90 X50.0 Z－80.0 I－5.0 F0.3;”表示圆锥面车削固定循环。 （ ）

41. “G94 X50.0 Z－40.0 F0.4;”是端面圆锥车削固定循环。 （ ）

42. 外圆粗车复合循环方式适合于加工棒料毛坯，以去除较大余量的粗加工切削。 （ ）

43. G73 指令中轴向余量 W 参数必须为零。 （ ）

44. 螺纹加工指令“G32 X41.0 W－43.0 F2.5;”是以 2.5 mm/min 的进给速度加工螺纹。 （ ）

45. G92 的功能为螺纹切削简单循环，可以加工圆柱直螺纹和锥螺纹。 （ ）

46. G76 循环指令编程中，能指定直进法、斜进法进刀，但不能实现左右交替斜进法进刀。 （ ）

47. 一个主程序调用另一个主程序称为主程序嵌套。 （ ）

48. 子程序的编写方式必须是增量方式。 （ ）

49. 进行刀补就是将编程轮廓数据转换为刀位点轨迹数据。 （ ）

50. 数控车床的刀具补偿功能包含刀尖圆弧半径补偿和刀具位置补偿。 （ ）

51. 刀尖圆弧半径补偿取消用 G40 代码，如“G40 G02 X20.0 Y0 R5.0;”，该程序段执行后刀补被取消。 （ ）

52. 刀具补偿寄存器内存入负值表示实际补偿方向取反。 （ ）

53. 刀具补偿的三个过程是指 G41、G42 和 G40 三个过程。 （ ）

54. B 功能刀具补偿可以自动完成轮廓之间的转接。 （ ）

55. G04 执行期间主轴在指定的短时间内停止转动。 （ ）

56. 只有实体模型可作为 CAM 的加工对象。 （ ）

57. 目前，绝大多数 CAM 系统都属于交互式系统。 （ ）

58. 通常，CAM 系统是既有 CAD 功能又有 CAM 功能的集成系统。 （ ）

59. CAM 加工的工艺参数都由计算机自动确定。 （ ）

60. CAM 只能使用自身集成的 CAD 所创建的模型。 （ ）

61. 自由曲面一般选择 CAM 的铣削模块进行加工。 （ ）

62. 加工仿真验证后，只要用软件自带的后处理所生成的加工程序一般就能直接传输至

数控机床进行加工。（ ）

63. 数控加工仿真系统是基于虚拟现实的仿真软件。（ ）

64. 数控仿真操作中程序的输入、编辑必须在回零操作之后。（ ）

二、单项选择题（选择一个正确的答案，将相应的字母填入题内的括号中）

1. 以下没有自动编程功能的软件是（ ）。

A. 宇龙数控加工仿真软件　B. UG 软件

C. MasterCAM 软件　D. SolidWorks 软件

2. 以下说法正确的是（ ）。

A. 手工编程适用于零件复杂、程序较短的场合

B. 手工编程适用于计算简单的场合

C. 自动编程适用于二维平面轮廓、图形对称较多的场合

D. 自动编程经济性好

3. 早期数控程序的控制介质穿孔纸带有一排纵向导向孔和一系列横向（ ）位的程序信息孔。

A. 五孔　B. 六孔　C. 七孔　D. 八孔

4. 下列关于穿孔纸带的叙述，其中正确的是（ ）。

A. 穿孔纸带安装时无正、反面之分

B. 穿孔纸带安装时无方向性

C. 穿孔纸带的穿孔信息包括检验位信息

D. 穿孔纸带的导向孔位于纸带的中心线

5. 零件加工程序的程序段由若干个（ ）组成。

A. 功能字　B. 字母　C. 参数　D. 地址

6. 用数控机床进行零件加工，首先须把加工路径和加工条件转换为程序，此种程序即称为（ ）。

A. 子程序　B. 主程序　C. 宏程序　D. 加工程序

7. 功能字有参数直接表示法和代码表示法两种，下列（ ）属于代码表示法的功能字。

A. S　B. X　C. M　D. N

8. 在数控加工中，（　　）是指位于字头的字符或字符组，用以识别其后的参数，在传递信息时，它表示其出处或目的地。

A. 参数　　B. 地址符　　C. 功能字　　D. 程序段

9. 下列正确的功能字是（　　）。

A. N8.5　　B. N♯1　　C. N−3　　D. N0005

10. 下列不正确的功能字是（　　）。

A. N8.0　　B. N100　　C. N03　　D. N0005

11. 在 FANUC 系统中，执行程序段“G98 G01 U80.0 W60.0 F50;”每分钟进给，则刀具移动时在 X 轴和 Z 轴方向的进给分速度分别为（　　）。

A. 80 mm/min，60 mm/min　　B. 50 mm/min，50 mm/min

C. 30 mm/min，40 mm/min　　D. 40 mm/min，30 mm/min

12. 在 FANUC 系统中，执行程序段“G98 G01 U400.0 W300.0 F100;”每分钟进给，则刀具移动时在 X 轴和 Z 轴方向的进给分速度分别为（　　）。

A. 400 mm/min，300 mm/min　　B. 800 mm/min，600 mm/min

C. 80 mm/min，60 mm/min　　D. 40 mm/min，30 mm/min

13. 数控机床的 F 功能常用单位为（　　）。

A. m/min　　B. mm/min 或 mm/r

C. m/r　　D. r/min

14. 下列关于数控加工仿真系统的叙述，正确的是（　　）。

A. 通过仿真对刀可检测实际各刀具的长度参数

B. 通过仿真试切可检测实际各刀具的刚度不足而引起的补偿量

C. 通过仿真运行可保证实际零件的加工精度

D. 通过仿真运行可保证实际程序格式的正确性

15. 在同一个程序段中可以指定几个不同组的 G 代码，如果在同一个程序段中指令了两个以上的同组 G 代码时，（　　）G 代码有效。

A. 只有最前一个　　B. 只有最后一个

C. 任何一个　　D. 只有程序段错误时

16. G57 指令与下列的（　　）指令不是同一组的。

A. G56　　B. G55　　C. G54　　D. G53

17. 下列 G 指令中（　　）是非模态指令。

A. G02　　B. G42　　C. G53　　D. G54

18. 只在本程序段有效，以后程序段需要时必须重写的 G 代码称为（　　）。

A. 模态代码　　B. 续效代码　　C. 非模态代码　　D. 单步执行代码

19. 在 FANUC 系统中，下列程序段中不正确的是（　　）。

A. G04 P1.5；　　B. G04 X2；　　C. G04 X0.500；　　D. G04 U1.5；

20. 下列关于小数点的叙述，正确的是（　　）。

A. 数字都可以不用小数点

B. 为了安全可将所有数字（包括整数）都加上小数点

C. 变量值不用小数点

D. 小数点是否使用视功能字性质、格式的规定而确定

21. 一个基点是两个几何元素连接的交点或（　　）。

A. 终点　　B. 切点　　C. 节点　　D. 拐点

22. 在一个几何元素上为了能用直线或圆弧插补逼近该几何元素而人为分割的点称为（　　）。

A. 断点　　B. 基点　　C. 节点　　D. 交点

23. 数控系统常用的两种插补功能是（　　）。

A. 直线插补和螺旋线插补

B. 螺旋线插补和抛物线插补

C. 直线插补和圆弧插补

D. 圆弧插补和螺旋线插补

24. 数控系统通常除了使用直线插补外，还可以使用（　　）。

A. 椭圆插补　　B. 圆弧插补　　C. 抛物线插补　　D. 球面插补

25. 数控系统所规定的最小设定单位就是数控机床的（　　）。

A. 运动精度　　B. 加工精度　　C. 脉冲当量　　D. 传动精度

26. 数控机床的脉冲当量就是（　　）。

A. 脉冲频率　　B. 每分钟脉冲的数量

C. 移动部件最小理论移动量　　D. 每个脉冲的时间周期

27. 数控机床的标准坐标系是以（　　）来确定的。

A. 右手笛卡儿直角坐标系　　B. 绝对坐标系

C. 相对坐标系　　D. 极坐标系

28. 右手直角坐标系中（　　）表示 Z 轴。

A. 拇指　　B. 食指　　C. 中指　　D. 无名指

29. 下列关于数控编程时假定机床运动的叙述，正确的是（　　）。

A. 数控机床实际进给运动是工件为假设依据

B. 数控机床实际主运动是刀具为假设依据

C. 统一假定数控切削主运动是刀具，工件静止

D. 统一假定数控进给运动是刀具，工件静止

30. 下列关于数控编程时假定机床运动的叙述，正确的是（　　）。

A. 假定刀具相对于工件作切削主运动

B. 假定工件相对于刀具作切削主运动

C. 假定刀具相对于工件作进给运动

D. 假定工件相对于刀具作进给运动

31. 数控机床 Z 轴（　　）。

A. 与工件装夹平面垂直　　B. 与工件装夹平面平行

C. 与主轴轴线平行　　D. 是水平安置

32. 在数控机床坐标系中作平行于机床主轴的直线运动的轴为（　　）。

A. X 轴　　B. Y 轴　　C. Z 轴　　D. U 轴

33. 绕 X 轴旋转的回转运动坐标轴是（　　）。

A. A 轴　　B. B 轴　　C. U 轴　　D. I 轴

34. 在直角坐标系中 A、B、C 轴与 X、Y、Z 坐标轴线的关系是前者分别（　　）。

A. 绕 X、Y、Z 轴线转动　　B. 与 X、Y、Z 轴线平行

C. 与 X、Y、Z 轴线垂直　　D. 与 X、Y、Z 是同一轴，只是增量表示

35. 数控机床上有一个机械原点，该点到机床坐标零点在进给坐标轴方向上的距离可以在机床出厂时设定，该点称（　　）。

A. 换刀点　　B. 工件坐标原点　C. 机床坐标原点　D. 机床参考点

36. 下列关于数控机床参考点的叙述，正确的是（　　）。

A. 机床参考点与机床坐标原点重合

B. 机床参考点是浮动的工件坐标原点

C. 机床参考点是固有的机械基准点

D. 机床参考点是对刀用的

37. 数控刀具的刀位点就是在数控加工中的（　　）。

A. 对刀点　　B. 刀架中心点

C. 代表刀具在坐标系中位置的理论点

D. 换刀点

38. 下列叙述正确的是（　　）。

A. 刀位点是在刀具实体上的一个点

B. 使刀具参考点与机床参考点重合就是机床回零

C. 工件坐标原点又叫起刀点

D. 换刀点就是对刀点

39. 下列关于数控机床绝对值和增量值编程的叙述，正确的是（　　）。

A. 绝对值编程表达的是刀具位移量

B. 增量值编程表达的是刀具位移目标位置

C. 增量值编程表达的是刀具位移量

D. 绝对值编程表达的是刀具目标位置与起始位置的差值

40. 某一程序段“N70 G00 X80.0 Z80.0；N80 X50.0 Z30.0；”执行完之后，说明 N80 中（　　）。

A. X 轴移动 50 mm，Z 轴移动 30 mm

B. X 轴移动 80 mm，Z 轴移动 80 mm

C. X 轴移动 30 mm，Z 轴移动 50 mm

D. X 轴移动 130 mm，Z 轴移动 110 mm

41. “G00 X30 Z6.0 ；G01 W15.0 F0.5；”执行后，实际插补移动量为（ ）。

A. 6 mm　B. 9 mm　C. 15 mm　D. 21 mm

42. “G01 U24.0 W−16.0 F0.4；”执行后，刀具移动了（ ）。

A. 8 mm　B. 20 mm　C. 28 mm　D. 40 mm

43. 下列关于辅助功能指令的叙述，不正确的是（ ）。

A. 辅助功能指令与插补运算无关

B. 辅助功能指令一般由 PLC 控制执行

C. 辅助功能指令是以字符 M 为首的指令

D. 辅助功能指令是包括机床电源等起开关作用的指令

44. 下列关于辅助功能指令的叙述，正确的是（ ）。

A. 辅助功能中一小部分指令有插补运算

B. 辅助功能指令一般由伺服电动机控制执行

C. 辅助功能指令是以字符 F 为首的指令

D. 辅助功能指令是包括主轴、切削液、装夹等起开关作用的指令

45. 表示第一切削液打开的指令是（ ）。

A. M06　B. M07　C. M08　D. M09

46. 表示第二切削液打开的指令是（ ）。

A. M06　B. M07　C. M08　D. M09

47. 表示程序结束运行的指令是（ ）。

A. M00　B. M01　C. M02　D. M09

48. 表示主程序结束运行的指令是（ ）。

A. M00　B. M02　C. M05　D. M99

49. 辅助功能中控制主轴的指令是（ ）。

A. M00　B. M01　C. M04　D. M99

50. 数控加工仿真系统是运用虚拟现实技术来操作“虚拟设备”，而不能（ ）。

A. 检验数控程序　　B. 检测工艺系统的刚度

C. 编辑预输入数控程序　　D. 增加机床操作的感性认识

51. 数控车床中，转速功能字 S 所指定参数的单位是（　　）。

A. m/r　　B. mm/r　　C. r/min　　D. mm/min

52. 数控机床主轴以 800 r/min 的转速正转时，其指令应是（　　）。

A. G97 M03 S800；　　B. G96 M04 S800；

C. M05 S800；　　D. G97 M04 S800；

53. 恒线速度控制的主要作用是（　　）。

A. 延长刀具寿命　　B. 防止撞刀

C. 提高加工质量　　D. 提高加工效率

54. 数控机床用恒线速度控制加工端面、锥度和圆弧时，当刀具接近工件中心时，主轴转速会（　　）。

A. 越来越高　　B. 越来越低　　C. 接近零速　　D. 恒定不变

55. 主轴转速 n 应根据允许的切削速度 v 和工件的切削点直径 D 来选择，其计算公式为（　　）。

A. $n=v/1\,000\pi D$　　B. $n=1\,000\pi D/v$

C. $n=1\,000v/\pi D$　　D. $n=\pi D/v$

56. 数控车床限制转速程序段（如“G50 S2000;”）在（　　）情况下起作用。

A. 机床开机初始　　B. 恒转速控制

C. 恒线速度控制　　D. 恒线速度控制和恒转速控制

57. 辅助功能中表示无条件程序暂停的指令是（　　）。

A. M00　　B. M01　　C. M02　　D. M30

58. 执行指令（　　），程序停止运行，若要继续执行下面程序，需按循环启动按钮。

A. M00　　B. M05　　C. M09　　D. M99

59. 指令 G53 是（　　）。

A. 选择机床坐标系　　B. 模态指令

C. 设置机床坐标系　　D. 设置工件坐标系

60. 下列代码中，(　　) 与机床坐标系有关。

A. G94　　B. G40　　C. G53　　D. G57

61. 下列代码中，(　　) 不是工件坐标系的选择指令。

A. G50　　B. G54　　C. G56　　D. G59

62. 下列代码中，(　　) 与工件坐标系有关。

A. G94　　B. G40　　C. G53　　D. G57

63. 程序段“G50 X100.0 Z50.0;”的作用是(　　)。

A. 刀具快速移动到机床坐标系中点（100，50）处

B. 刀具快速移动到工件坐标系中点（100，50）处

C. 将刀具当前点作为机床坐标系的点（100，50）

D. 将刀具当前点作为工件坐标系的点（100，50）

64. 使用G50指令对刀时，必须把刀具移动到(　　)。

A. 工件坐标原点　　B. 机床坐标原点

C. 已知坐标值的对刀点　　D. 任意一点

65. (　　) 指令不是数控机床程序编制的基本插补指令。

A. G00　　B. G01　　C. G02　　D. G03

66. (　　) 指令是数控机床程序编制的基本插补指令。

A. G00　　B. G92　　C. G03　　D. G04

67. G00指令的快速移动速度是由机床(　　)确定的。

A. 参数　　B. 数控程序　　C. 伺服电动机　　D. 传动系统

68. G00指令的移动速度值是由(　　)。

A. 数控程序指定　　B. 操作面板指定

C. 机床参数指定　　D. 机床出厂时固定不能改变

69. G01指令的移动速度值一般由(　　)。

A. 数控程序指定　　B. 操作面板指定

C. 机床参数指定　　D. 机床出厂时固定不能改变

70. 直线插补指令使用(　　)功能字。

A. G00　　B. G01　　C. G02　　D. G03

71. 某卧式数控车床，前置刀架车削圆弧，刀具向床头进给，凹圆用（　　）。

A. G02 或 G03 指令，具体根据坐标系判定

B. G02 指令

C. G03 指令

D. G3 指令

72. 某卧式数控车床，前置刀架车削圆弧，刀具向尾架方向进给，凸圆用（　　）。

A. G2 指令

B. G02 指令

C. G02 或 G03 指令，具体根据坐标系判定

D. G03 指令

73. 用 G02/G03 指令编程时，圆心坐标 I、J、K 值为圆心相对于（　　）分别在 X、Y、Z 坐标轴上的增量。

A. 圆弧起点　　B. 圆弧终点　　C. 圆弧中点　　D. 圆弧半径

74. FANUC 系统圆弧插补用圆心位置参数描述时，I 和 K 值为圆心分别在 X 轴和 Z 轴相对于（　　）的坐标增量。

A. 工件坐标原点　　B. 机床坐标原点

C. 圆弧起点　　D. 圆弧终点

75. 下列关于数控加工圆弧插补用半径编程的叙述，正确的是（　　）。

A. 当圆弧所对应的圆心角大于 180°时，半径取大于零

B. 当圆弧插补程序段中出现半径参数小于零，则表示圆心角大于 180°

C. 不管圆弧所对应的圆心角多大，圆弧插补的半径统一取大于零

D. 当圆弧插补程序段中半径参数的正负符号用错时，则会产生报警信号

76. 车削程序段“G02 X50.0 Z−20.0 R10.0 F0.3;”所插补的轨迹可能是（　　）。

A. 整圆　　B. 圆心角为 180°的圆弧

C. 圆心角为 90°的圆弧　　D. 圆心角为 270°的圆弧

77. 下列关于循环的叙述中正确的是（　　）。

A. 循环的含义是运动轨迹的封闭性

B. 循环的含义是可以反复执行一组动作

C. 循环的终点与起点重合

D. 循环可以减少切削次数

78. 下列关于循环的叙述中不正确的是（　　）。

A. 循环包含简单固定循环和复合循环

B. 简单固定循环是一组动作的组合

C. 复合循环是对简单固定循环的重复性再组合

D. 复合循环与简单固定循环相比，通用性前者比后者强

79. 外圆切削循环“G90 X_ Z_ I_ F_;”车削圆锥面时，I 为圆锥面的（　　）与插补终点的半径差。

A. 外径　　B. 端面　　C. 插补起始点　　D. 循环起始点

80. “G90 X50.0 Z−40.0 I2.0 F0.4;”是（　　）。

A. 圆柱面车削循环　　B. 圆锥面车削循环

C. 螺纹车削循环　　D. 端面车削循环

81. “G94 X_ Z_ K_ F_;”车削端面圆锥时，K 为圆锥面的（　　）与切削终点的轴向坐标差。

A. 外径　　B. 端面　　C. 切削起始点　　D. 循环起始点

82. “G94 X50.0 Z−80.0 F0.3;”表示（　　）。

A. 外圆车削复合循环　　B. 外圆车削固定循环

C. 螺纹车削固定循环　　D. 端面车削固定循环

83. 在 FANUC—0T 系统中，G73 是（　　）指令。

A. 外圆粗加工复合循环　　B. 端面粗加工复合循环

C. 固定形状粗加工复合循环　　D. 精加工复合循环

84. 下列关于数控车削复合循环的叙述中正确的是（　　）。

A. G71 和 G72 刀具及安装方式一样，加工细长轴时加工效率 G71 好于 G72

B. G71 和 G73 走刀路线不一样，加工铸造或锻造件毛坯时，加工效率 G73 好于

G71

C. G71 和 G73 刀具及安装方式可一样，加工棒料毛坯时，加工效率 G73 高于 G71

D. G71、G72、G73 都是粗加工复合循环，可以任意选择其中之一应用于粗加工

85. FANUC 复合固定循环 G71、G72、G73 程序段中的 F、S、T，对（　）有效。

A. 粗加工　B. 精加工　C. 半精加工　D. 粗加工和精加工

86. FANUC 精加工复合循环“G70 P_ Q_;”中 P 表示（　）。

A. 精加工程序后第一段程序段号

B. 精加工程序号

C. 精加工循环程序的第一段程序段号

D. 子程序号

87. 螺纹车削指令 G32 不能车削（　）。

A. 端面螺纹　B. 变螺距螺纹　C. 圆柱螺纹　D. 锥螺纹

88. 外螺纹车削指令“G32 X20.2 Z−30.0 F1.5;”中 X20.2 表示螺纹的（　）。

A. 大径　B. 中径　C. 小径　D. 牙型高度

89. 使用 G92 螺纹车削循环时，指令中 F 后面的参数为（　）。

A. 螺距　B. 导程　C. 进给速度　D. 切削速度

90. 使用 G92 循环车锥螺纹时，I 值正负的判断方法同（　）。

A. G02　B. G71　C. G90　D. G94

91. 车削外圆柱螺纹（FANUC 0T）时，程序段“G76 X_ Z_ R_ P_ Q_ F_;”中 X 的参数为螺纹终点的（　）。

A. 大径　B. 中径　C. 小径　D. 公称直径

92. 车削外圆柱螺纹（FANUC 0T）时，程序段“G76 X_ Z_ R_ P_ Q_ F_;”中 R 的参数为（　）。

A. 精加工余量　B. 粗加工首次半径切深

C. 锥螺纹半径差　D. 螺纹导程

93. 下列关于子程序的叙述中正确的是（　）。

A. 子程序可以调用其他主程序

B. 子程序可以调用其他同层级的子程序

C. 子程序可以调用自己的上级子程序

D. 子程序可以调用自己本身

94. 下列关于子程序的叙述中不正确的是（ ）。

A. 子程序不能调用其他主程序

B. 子程序可以调用其他下级子程序

C. 子程序可以调用自己的上级子程序

D. 一个子程序在两处被调用，其层级可以是不相同的

95. FANUC 系统中“M98 P21013;”表示调用子程序执行（ ）。

A. 21 次　　B. 13 次　　C. 2 次　　D. 1 次

96. CAM 生成的一个 NC 程序中能包含（ ）加工操作。

A. 1 个　　B. 2 个　　C. 3 个　　D. 多个

97. 数控车刀圆弧刀尖在加工（ ）时会产生加工误差。

A. 端面　　B. 外圆柱　　C. 内圆柱　　D. 圆弧或圆锥

98. 数控车刀圆弧刀尖在加工（ ）时不会产生加工误差。

A. 外圆锥面　　B. 外圆柱面　　C. 外圆球面　　D. 内圆锥面

99. 数控车床刀具补偿，在假设的刀尖方向设置一个刀尖圆弧半径值，这称为（ ）。

A. 刀具位置补偿　　B. 刀尖圆弧半径补偿

C. 刀具长度补偿　　D. 刀具方向补偿

100. 数控车刀微量磨损后，主要修改（ ）的参数。

A. 刀具位置补偿　　B. 刀尖圆弧半径补偿

C. 刀具长度补偿　　D. 刀具方向补偿

101. 程序中指定了（ ）时，刀尖圆弧半径补偿被撤销。

A. G40　　B. G41　　C. G42　　D. G49

102. 取消刀尖圆弧半径补偿的指令是（ ）。

A. G53　　B. G40　　C. G49　　D. G50

103. 某卧式数控车床，前置刀架车削外圆时，刀具向床头进给，如需刀尖半径补偿，

应使用（　　）指令。

A. G40

B. G41

C. G41 或 G42，具体根据坐标系判定

D. G42

104. 某卧式数控车床，前置刀架车削外圆时，刀具向尾架方向进给，如需刀尖圆弧半径补偿，应使用（　　）指令。

A. G40

B. G41 或 G42，具体根据坐标系判定

C. G42

D. G41

105. 在使用 G41 或 G42 指令建立刀补的过程中，只能用（　　）指令。

A. G00　　B. G00 或 G01　　C. G01 或 G02　　D. G02 或 G03

106. 在使用 G40 指令取消刀补的过程中，只能用（　　）指令。

A. G00 或 G01　B. G01 或 G02　　C. G02 或 G03　　D. G04

107. C 功能刀尖圆弧半径补偿有效时，在执行“N50 G01 W－20. F0.1；N60 U－5.；”程序段镗孔时，系统会自动在轨迹拐角进行（　　）转接。

A. 插入型　　B. 伸长型　　C. 缩短型　　D. 圆弧型

108. C 功能刀尖圆弧半径补偿有效时，在执行“N50 G01 W－20. F0.1；N60 U－5.；”程序段车削外圆时，系统会自动在轨迹拐角进行（　）转接。

A. 圆弧型　　B. 缩短型　　C. 伸长型　　D. 插入型

109. 在 G04 暂停功能指令中，（　　）参数的单位为 ms 。

A. X　　B. U　　C. P　　D. Q

110. 执行下列程序段后，累计暂停进给时间是（　　）。

N2 G01 Z－10 F100；

N4 G04 P10；

N6 G01 Z－20；

N8 G04 X10；

A. 20 s　　B. 100 s　　C. 11 s　　D. 10.01 s

111. 计算机辅助设计的英文缩写是（　　）。

A. CAPP　　B. CAE　　C. CAD　　D. CAM

112. 下列软件中，具有自主知识产权的国产 CAD 系统是（　　）。

A. AutoCAD　　B. SolidWorks　　C. Pro/E　　D. CAXA

113. 计算机辅助制造的英文缩写是（　　）。

A. CAD　　B. CAE　　C. CAM　　D. CAPP

114. 下列软件中，具有自主知识产权的国产 CAM 系统是（　　）。

A. CAXA　　B. CATIA　　C. Pro/E　　D. UG

115. 下列软件中，属于高端 CAD/CAM 系统的是（　　）。

A. SURFCAM　B. UG　　C. CAXA　　D. MasterCAM

116. 下列软件中，包含 CAM 功能（不包括第三方插件）的 CAD/CAM 系统是（　　）。

A. AutoCAD　　B. CATIA　　C. SolidEdge　　D. SolidWorks

117. CAM 的加工仿真主要检验零件的（　　）。

A. 尺寸精度　　B. 位置精度　　C. 表面粗糙度　　D. 形状是否正确

118. CAM 型腔铣中，顺铣和逆铣并存的切削方法是（　　）。

A. Zig　　B. Zig With Contour

C. Zig—Zag　　D. Follow Periphery

119. 实体键槽属于（　　）建模方式。

A. 体素特征　　B. 成形特征　　C. 参考特征　　D. 扫描特征

120. 旋转体属于（　　）建模方式。

A. 体素特征　　B. 成形特征　　C. 参考特征　　D. 扫描特征

121. CAM 的型腔加工属于（　　）工艺范围。

A. 车削　　B. 铣削　　C. 磨削　　D. 线切割

122. CAM 的线切割模块适用于加工（　　）。

A. 内、外轮廓 B. 各类平面 C. 各类曲面 D. 型腔

123. 通常，一个 CAM 软件能生成（ ）符合数控系统要求的 NC 程序。

A. 一种 B. 两种 C. 多种 D. 无数种

124. 关于数控仿真操作步骤的先后次序，下列选项中（ ）是不正确的。

A. 回零操作、选择安装工件和刀具、对刀和参数设置、输入编辑程序

B. 回零操作、对刀和参数设置、输入编辑程序、选择安装工件和刀具

C. 输入编辑程序、回零操作、选择安装工件和刀具、对刀和参数设置

D. 选择安装工件和刀具、回零操作、输入编辑程序、对刀和参数设置

125. 关于数控仿真操作步骤的先后次序，下列选项中（ ）是正确的。

A. 输入编辑程序、回零操作、对刀和参数设置、选择安装工件和刀具

B. 对刀和参数设置、选择安装工件和刀具、回零操作、输入编辑程序

C. 回零操作、输入编辑程序、对刀和参数设置、选择安装工件和刀具

D. 选择安装工件和刀具、输入编辑程序、回零操作、对刀和参数设置

数控车床操作

一、判断题（将判断结果填入括号中。正确的填“√”，错误的填“×”）

1. “NC”的含义是“计算机数字控制”。（ ）

2. 在 CRT/MDI 面板的功能键中，用于报警显示的键是“ALARM”。（ ）

3. 当数控机床失去对机床参考点的记忆时，必须进行返回机床参考点的操作。（ ）

4. 数控操作的“跳步”功能又称为“单段运行”功能。（ ）

5. 数控机床加工过程中要改变主轴速度或进给速度必须使程序暂停，修改程序中的 S 和 F 的值。（ ）

6. 轮廓加工中，在接近拐角处应适当降低进给量，以克服超程或欠程现象。（ ）

7. 程序输入最早使用的是穿孔纸带。（ ）

8. 编辑数控程序，要修改一个功能字时，必须用修改键而不能用插入键和删除键。（ ）

9. 对刀的目的就是确定刀具的刀位点当前在工件坐标系中的坐标值，对刀方法一般有试切对刀法、夹具对刀元件间接对刀法、多刀相对偏移对刀法。（ ）

10. 目前常用的对刀仪是机外刀具预调测量仪和机内激光自动对刀仪。（ ）

11. 对刀器有光电式和指针式之分。（ ）

12. 在数控程序调试时，每启动一次只进行一个程序段的控制称为计划暂停。（ ）

13. 刀具参数输入包括刀库的刀具与刀具号对应设定、刀具半径和长度的设定。（ ）

二、单项选择题（选择一个正确的答案，将相应的字母填入题内的括号中）

1. 数控车床屏幕上菜单中英文词汇“FEED”所对应的中文词汇是（ ）。

A. 切削液　B. 急停　C. 进给　D. 刀架转位

2. 数控车床屏幕上菜单中英文词汇“SPINDLE”所对应的中文词汇是（ ）。

A. 切削液　B. 主轴　C. 进给　D. 刀架转位

3. 在CRT/MDI面板的功能键中，用于程序编制的键是（ ）。

A. POS　B. PRGRM　C. OFFSET　D. ALARM

4. 在CRT/MDI面板的功能键中，用于刀具偏置参数设置的键是（ ）。

A. POS　B. PRGRM　C. OFFSET　D. ALARM

5. 一般，数控机床断电后再开机，首先进行回零操作，使机床回到（ ）。

A. 工件零点　B. 机床参考点　C. 程序零点　D. 起刀点

6. 数控机床回零操作的作用是（ ）。

A. 建立工件坐标系　B. 建立机床坐标系

C. 选择工件坐标系　D. 选择机床坐标系

7. 在机床锁定方式下，自动运行（ ）功能被锁定。

A. 进给　B. 刀架转位　C. 主轴　D. 切削液

8.（ ）是数控操作跳步功能的作用之一。

A. 提高加工质量

B. 精加工只要粗加工最后一次走刀的部分程序

C. 提高加工效率

D. 对程序可以循环引用

9. F进给倍率开关的调节对（　）不起作用。

A. 提高效率　　B. 减小零件表面粗糙度

C. 减小刀具磨损　　D. 提高零件尺寸精度

10. S主轴转速倍率开关的调节对（　　）不起作用。

A. 直接提高效率　　B. 改善切削环境

C. 改善零件表面粗糙度　　D. 减小刀具磨损

11. 轮廓加工中，关于在接近拐角处“超程”和“欠程”的叙述，下列选项中正确的是（　　）。

A. 超程表示产生过切，欠程表示产生欠切

B. 在拐角前产生欠程，在拐角后产生超程

C. 在拐角前产生超程，在拐角后产生欠程

D. 在接近具体一个拐角处只产生超程或欠程一种情况

12. 轮廓加工中，关于在接近拐角处“超程”和“欠程”的叙述，下列选项中不正确的是（　　）。

A. 在拐角前产生超程，在拐角后产生欠程

B. 在拐角前产生欠程，在拐角后产生超程

C. 在拐角处超程和欠程都可能存在

D. 超程和欠程与过切和欠切的关系由拐角方向而定

13. 关于目前数控机床程序输入方法的叙述，下列选项中正确的是（　　）。

A. 一般只有手动输入

B. 一般只有接口通信输入

C. 一般都有手动输入和接口通信输入

D. 一般都有手动输入和穿孔纸带输入

14. 程序管理包括程序搜索、选择一个程序、（　　）和新建一个程序。

A. 执行一个程序　　B. 调试一个程序

C. 删除一个程序　　D. 修改程序切削参数

15. 下列操作中属于数控程序编辑操作的是（　　）。

A. 文件导入　　B. 搜索查找一个程序

C. 搜索查找一个字符　　D. 执行一个程序

16. 下列操作中属于数控程序编辑操作的是（　）。

A. 删除一个字符　　B. 删除一个程序

C. 删除一个文件　　D. 导入一个程序

17. 下列关于对刀方法应用的叙述，正确的是（　）。

A. 试切对刀法对刀精度低，效率较低，一般用于单件小批量生产

B. 多刀加工对刀时，采用同一程序时必须用多个工件坐标系

C. 多刀加工对刀时，采用同一工件坐标系时必须用多个程序

D. 多刀加工对刀时，可采用同一程序、同一工件坐标系

18. 在数控多刀加工对刀时，刀具补偿性偏置参数设置不包括（　）。

A. 各刀具的半径值或刀尖圆弧半径值

B. 各刀具的长度值或刀具位置值

C. 各刀具精度的公差值和刀具变形的误差值

D. 各刀具的磨损量

19. 机内激光自动对刀仪不可以（　）。

A. 测量各刀具相对工件坐标系的位置

B. 测量各刀具相对机床坐标系的位置

C. 测量各刀具之间的相对长度

D. 测量、设定各刀具的部分刀补参数

20. 下列关于对刀仪的叙述，正确的是（　）。

A. 机外刀具预调对刀仪可以提高数控机床利用率

B. 机内激光自动对刀仪对刀精度高，可以消除工件刚度不足的误差

C. 对刀仪的主要作用是在多刀加工时测量各刀在机内相对位置的差值

D. 刀具磨损后可通过对刀仪重新对刀、设置而恢复正常

21. 下列关于对刀仪的叙述，不正确的是（　）。

A. 对刀时指针式对刀仪与刀具接触时指针刻度显示接触位移值

B. 对刀时光电式对刀仪与刀具接触时红灯会亮

C. 对刀时对刀仪与刀具接触时红灯会亮，同时指针刻度显示接触位移值

D. 对刀时对刀仪与刀具接触时红灯会亮或指针刻度显示接触位移值

22. 下列关于对刀仪的叙述，不正确的是（　　）。

A. 对刀仪对刀操作中可测量刀具长度参数

B. 对刀仪有光电式和指针式之分

C. 对刀仪只能针对 Z 轴，不能针对 X、Y 轴

D. 对刀仪底部有磁性，可于水平面安放，也可于垂直面安放

23. 数控机床程序调试中，当发生严重异常现象急需处理时，应启动（　　）。

A. 程序停止功能　　B. 程序暂停功能

C. 急停功能　　D. 主轴停止功能

24. 数控程序调试时，采用“机床锁定”（FEED HOLD）方式下自动运行，（　　）功能被锁定。

A. 倍率开关　　B. 切削液开关　　C. 主轴　　D. 进给

25. 当前为机床坐标系，车削端面时 Z 坐标值为 200，在刀具形状补偿页面输入 $Z-100$，并按“MEASURE”输入，则指定刀偏号的 Z 轴偏移量为（　　）。

A. 190　　B. 200　　C. 210　　D. －10

26. 当前为机床坐标系，车削端面时 X 坐标值为 200，在刀具形状补偿页面输入 X40，并按“MEASURE”输入，则指定刀偏号的 X 轴偏移量为（　　）。

A. 40　　B. 160　　C. 200　　D. 240

零件加工

一、判断题（将判断结果填入括号中。正确的填“√”，错误的填“×”）

1. CNC 是计算机数字控制的英文缩写。（　　）

2. 数控机床能与计算机实现串行通信，但还不能与计算机实现宽带网络连接。（　　）

3. 世界上第一台数控机床是数控车床。（　　）

4. 伺服系统是数控机床最重要的组成部分。（　）

5. 数控三坐标测量机也是一种数控机床。（　）

6. 两轴半联动是指 X、Y 轴能实现联动，Z 轴只能作周期性进给。（　）

7. 目前，大多数数控机床的控制方式是闭环控制。（　）

8. 卧式数控车床的刀架布局有前置和后置两种。（　）

9. 偏心回转零件等需要较长时间占机调整的加工内容宜选用数控车床加工。（　）

10. 数控车床除了能加工直线和圆弧轮廓外，还能加工非圆曲线轮廓。（　）

11. 数控车床不能加工变导程螺纹。（　）

12. 划分加工阶段的目的之一是便于安排热处理工序。（　）

13. 数控机床加工的零件一般按工序分散原则划分工序。（　）

14. 对高碳钢可以通过正火热处理，降低硬度，改善切削加工性。（　）

15. 基本时间和辅助时间的总和称为作业时间。（　）

16. IT6～IT7 级的有色金属外圆精加工，宜采用精磨。（　）

17. 按粗精加工划分工序适用于加工后变形较大、需粗精加工分开的零件。（　）

18. 箱体类零件一般先加工孔，后加工平面。（　）

19. 加工路线是指刀具相对于工件运动的轨迹。（　）

20. 铸铁有表面硬层，所以粗车时切削深度要小，以免刀具崩裂。（　）

21. 铸有毛坯孔的孔加工常采用镗孔的加工方法。（　）

22. 强力车削时最好选择 95°主偏角的车刀。（　）

23. 精镗孔时应选择较小的刀尖圆弧半径。（　）

24. 相配合的内外螺纹的顶径基本尺寸相等。（　）

25. 安装车削圆锥管螺纹的车刀时，刀尖角对分线应与螺纹轴线垂直。（　）

26. 螺距为 1.5 mm 的机夹螺纹车刀，都能用来加工螺距为 2 mm 的螺纹。（　）

27. 外螺纹的大径又称为顶径，也就是螺纹的公称直径。（　）

28. 螺距小于 2 mm 的普通螺纹一般采用斜进法加工。（　）

29. 切断时不允许采用两顶尖装夹的方法。（　）

30. 宽而不深的内沟槽可以先用镗孔刀车出凹槽后再用内切槽刀车出沟槽。（　）

31. 外切槽刀只要安装成刀杆方向与工件端面垂直，就能切削端面槽了。（ ）

32. 麻花钻钻孔时轴向力大，主要是由钻头的主切削刃引起的。（ ）

33. 在实体材料上钻大于 ϕ75 mm 的孔时，一般采用套料钻。（ ）

34. 在实体材料上钻大于 ϕ15 mm 的孔时，一般采用套料钻。（ ）

35. 扩孔钻无横刃参加切削。（ ）

36. ϕ60H7 孔铰孔前的扩孔尺寸应该为 ϕ59.8 mm 左右。（ ）

37. 扩孔可在一定程度上校正钻孔的轴线误差。（ ）

38. 刚性攻螺纹与传统浮动攻螺纹的丝锥是一样的。（ ）

39. 数控车床能够实现每转进给，所以能够使用刚性攻螺纹的方法。（ ）

40. 高速钢铰刀的加工精度一般比硬质合金铰刀高。（ ）

41. 铰刀的公差最好选择被加工孔公差带中间 1/3 左右的尺寸。（ ）

42. 铰孔能修正孔的轴线误差。（ ）

43. 检验的特点是只能确定测量对象是否在规定的极限范围内，而不能得出测量对象的具体数值。（ ）

44. 一般来说，计量器具的分度值越大，精度就越高。（ ）

45. 在生产中，主要是按计量器具的不确定度来选择计量器具。（ ）

46. 一般来说，相对测量的测量精度比绝对测量的测量精度低。（ ）

47. 一般认为，如果能将系统误差减小到使其影响相当于随机误差的程度，则可认为系统误差已被消除。（ ）

48. 游标卡尺使用前，应使其量爪并拢，查看游标和主尺的零刻度线是否对齐，如不对齐就绝对不可以进行测量。（ ）

49. 游标高度尺除了用于测量零件的高度外，还可用于钳工精密划线。（ ）

50. 游标万能角度尺测量时不用校准零位。（ ）

51. 游标深度尺主要用于测量阶梯形、盲孔、凹槽等工件的深度。（ ）

52. 测量范围为 0～25 mm 的外径千分尺应附有校对量杆。（ ）

53. 内径千分尺的测量范围的下限是 5 mm。（ ）

54. 百分表刻度盘上的长针转 1 圈为 1 mm，所以百分表的量程为 0～1 mm。（ ）

55. 杠杆百分表测杆能在正反方向上进行工作。（　　）

56. 内径百分表的测头是不能更换的。（　　）

57. 螺纹环规是专门用于评定外螺纹的合格性的，所以是一种专用量具。（　　）

58. 工具显微镜是一种高精度的二次元坐标测量仪。（　　）

59. 电感式轮廓仪测量表面粗糙度参数 R_a，在计量室和生产现场都被广泛应用。（　　）

60. 零件上的未注形位公差一律遵循公差原则中的包容要求。（　　）

61. 形位误差检测原则之一的测量跳动原则主要用于测量圆跳动和全跳动。（　　）

62. 用水平仪和桥板沿着被测要素按节距移动水平仪进行直线度测量，水平仪读数的最大差值即为直线度误差。（　　）

63. 在保证使用要求的前提下，对被测要素给出跳动公差后，通常不再对该要素提出位置、方向和形状公差要求。（　　）

64. 评定形位误差的基准应为用实际基准要素建立的理想要素，理想要素的位置应符合最大条件。（　　）

65. 测量不确定度是由计量器具的不确定度和测量条件引起的测量不确定度组成的。（　　）

66. 用平板和指示表测量圆度误差，零件旋转一周，指示表读数的最大差值就是圆度误差 。（　　）

二、单项选择题（选择一个正确的答案，将相应的字母填入题内的括号中）

1. 英文缩写 CNC 的含义是（　　）。

A. 数字控制　　B. 计算机数字控制

C. 数控机床　　D. 计算机数控机床

2. 数字控制的英文缩写是（　　）。

A. MC　　B. FMC　　C. NC　　D. CNC

3. 普通数控机床的脉冲当量一般采用（　　）。

A. 0.1 mm　　B. 0.01 mm　　C. 0.001 mm　　D. 0.000 1 mm

4. 最适合箱体类零件加工的机床是（　　）。

A. 立式数控车床　　B. 立式加工中心

C. 卧式数控车床　　D. 卧式加工中心

5. 世界上第一台数控机床是（　　）。

A. 加工中心　　B. 数控冲床　　C. 数控车床　　D. 数控铣床

6. 研制生产出世界上第一台数控机床的国家是（　　）。

A. 美国　　B. 德国　　C. 日本　　D. 英国

7. 对数控机床的工作性能、加工精度和效率影响最大的部分是（　　）。

A. 伺服系统　　B. 检测装置　　C. 控制介质　　D. 数控装置

8. 数控机床中把脉冲信号转换成机床移动部件运动的组成部分称为（　　）。

A. 检测装置　　B. 伺服系统　　C. 控制介质　　D. 数控装置

9. 下列材料中，一般可采用电火花加工的是（　　）。

A. 陶瓷　　B. 钢　　C. 塑料　　D. 木材

10. 车削中心主轴除旋转主运动外，还可实现的运动有（　　）。

A. 伸缩运动　　B. 径向进给运动

C. 圆周进给运动　　D. *Y* 轴运动

11. 数控车床增加一个数控回转工作台后，可控制轴数是（　　）。

A. 2 轴　　B. 3 轴　　C. 4 轴　　D. 5 轴

12. 一般五轴联动控制的数控机床包含了（　　）。

A. 5 个移动轴

B. 4 个移动轴和 1 个旋转轴

C. 2 个移动轴和 3 个旋转轴

D. 3 个移动轴和 2 个旋转轴

13. 开环控制系统机床的伺服驱动执行元件通常使用（　　）。

A. 直线电动机　　B. 交流电动机

C. 直流电动机　　D. 步进电动机

14. 闭环进给伺服系统与半闭环进给伺服系统的主要区别在于（　　）。

A. 检测单元　　B. 伺服单元　　C. 位置控制器　　D. 控制对象

15. 属于数控卧式车床的是（ ）。

A. CK6140 B. KC6140 C. CK5116 D. KC5116

16. CK5116 表示的车床类型是（ ）。

A. 数控卧式车床 B. 数控立式车床

C. 数控专用车床 D. 车削中心

17. 一次装夹需要完成车、铣、钻等多工序的加工，可以选用（ ）。

A. 数控车床 B. 车削中心 C. 加工中心 D. 数控车床

18. 直径 600 mm 以上的盘类零件加工一般选用（ ）。

A. 加工中心 B. 车削中心 C. 数控立式车床 D. 数控卧式车床

19. 普通数控车床的外表面加工精度一般可以达到（ ）。

A. 高于 IT5 B. IT5～IT6 C. IT7～IT8 D. IT9～IT10

20. 普通数控车床的内表面加工精度一般可以达到（ ）。

A. 高于 IT3 B. IT4～IT5 C. IT6～IT7 D. IT8～IT9

21. 数控车床适合加工（ ）。

A. 箱体类零件 B. 轴类零件

C. 阀体类零件 D. 回转体类零件

22. 回转体类零件加工适合使用的机床是（ ）。

A. 数控车床 B. 数控车床 C. 加工中心 D. 数控刨床

23. 对精度要求不高、工件刚度大、加工余量小、批量小的零件加工可（ ）加工阶段。

A. 不必划分 B. 分粗、精

C. 分粗、半精 D. 分粗、半精、精

24. 零件的（ ）要求很高时才需要光整加工。

A. 位置精度 B. 尺寸精度和表面粗糙度

C. 尺寸精度 D. 表面粗糙度

25. 单件小批生产时，工序划分通常（ ）。

A. 采用分散原则 B. 采用集中原则

C. 采用统一原则　　D. 随意进行

26. 成批生产时，工序划分通常（　　）。

A. 采用分散原则　　B. 采用集中原则

C. 视具体情况而定　　D. 随意进行

27. 预备热处理一般安排在（　　）。

A. 粗加工前　B. 粗加工后　C. 粗加工前后　D. 精加工后

28. 最终热处理一般安排在（　　）。

A. 粗加工前　B. 粗加工后　C. 精加工后　D. 精加工前

29. 大量生产时，分摊到每个零件上的（　　）可以忽略不计。

A. 机动时间　　B. 辅助时间

C. 布置工作地时间　　D. 准终时间

30. 直接切除加工余量所消耗的时间称为（　　）。

A. 基本时间　B. 辅助时间　C. 作业时间　D. 准终时间

31. 最终工序为车削的加工方案，一般不适用于加工（　　）。

A. 淬火钢　B. 未淬火钢　C. 有色金属　D. 铸铁

32. 表面粗糙度要求高而尺寸精度要求不高的外圆加工，最适宜采用（　　）。

A. 研磨　B. 抛光　C. 超精磨　D. 超精加工

33. 加工内容不多的工件，工序划分常采用（　　）的方法。

A. 按所用刀具划分　　B. 按安装次数划分

C. 按粗精加工划分　　D. 按加工部位划分

34. 加工表面多而复杂的零件，工序划分常采用（　　）的方法。

A. 按所用刀具划分　　B. 按安装次数划分

C. 按加工部位划分　　D. 按粗精加工划分

35. 下列选项中，正确的切削加工工序安排的原则是（　　）。

A. 先孔后面　B. 先次后主　C. 先主后次　D. 先远后近

36. 任何零件的加工，总是先对（　　）进行加工。

A. 次要表面　　B. 紧固用的螺纹孔

C. 粗基准表面　　D. 精基准表面

37. 最终轮廓应尽量（　　）走刀完成。

A. 1 次　　B. 2 次　　C. 3 次　　D. 任意次

38. 轮廓加工时，刀具应从工件轮廓的（　　）。

A. 切线方向切入和切出

B. 法线方向切入和切出

C. 切线方向切入和法线方向切出

D. 法线方向切入和切线方向切出

39. 公差带代号为 h5 的有色金属外圆最后一道工序的加工采用（　　）。

A. 金刚石车刀精车　　B. 硬质合金车刀精车

C. 高速钢车刀精车　　D. 磨削

40. 断续车削中切削用量的确定应比相同情况下的连续车削（　　）。

A. 大　　B. 小　　C. 一样　　D. 不确定

41. 车内圆锥时，如果车刀的刀尖与工件轴线不等高，车出的内锥面形状呈（　　）形。

A. 凹状双曲线　　B. 凸状双曲线

C. 凹状抛物线　　D. 凸状抛物线

42. 加工 ϕ30H7、深 10 mm 的盲孔，宜选用的精加工方法是（　　）。

A. 扩孔　　B. 钻孔　　C. 镗孔　　D. 铰孔

43. 铸铁类零件的粗加工，宜选择的硬质合金刀具牌号为（　　）。

A. P20 或 P30　　B. P01 或 P10

C. K20 或 K30　　D. K01 或 K10

44. 铸铁类零件的精加工，宜选择的硬质合金刀具牌号为（　　）。

A. P20 或 P30　　B. P01 或 P10

C. K20 或 K30　　D. K01 或 K10

45. 加工孔时，若工艺系统刚度较差、易发生振动，则应选择主偏角、刀尖圆弧半径分别为（　　）的车孔刀。

A. 45°左右、刀尖圆弧半径较大

B. 45°左右、刀尖圆弧半径较小

C. 90°左右、刀尖圆弧半径较大

D. 90°左右、刀尖圆弧半径较小

46. 车削盲孔时，车孔刀的主偏角应（　　）。

A. 大于 90°　B. 等于 90°　C. 小于 90°　D. 等于 75°

47. 螺纹代号 M10－6g6h－S 中，6h 是指（　　）。

A. 大径的公差　B. 中径的公差　C. 小径的公差　D. 底径的公差

48. M16×1.5LH 表示该螺纹为公称直径为（　　）。

A. 16 mm 的粗牙普通螺纹

B. 16 mm、螺距为 1.5 mm 的左旋细牙普通螺纹

C. 16 mm、螺距为 1.5 mm 的细牙普通螺纹

D. 16 mm 的左旋粗牙普通螺纹

49. ZG1″圆锥管螺纹的牙型角为（　　）。

A. 60°　B. 55°　C. 30°　D. 15°

50. G1″圆柱管螺纹的牙型角为（　　）。

A. 15°　B. 30°　C. 55°　D. 60°

51. 平床身前置刀架车床，车削右旋螺纹时，车刀的左侧工作后角与其刃磨后角相比（　　）。

A. 一样　B. 较大　C. 较小　D. 不确定

52. 车螺纹时，应适当增大车刀进给方向的（　　）。

A. 刀尖角　B. 主偏角　C. 前角　D. 后角

53. 螺纹的小径与公称直径的关系为（　　）。

A. 小径≈公称直径－1.3×导程

B. 小径≈公称直径－1.3×螺距

C. 小径≈公称直径－1.08×导程

D. 小径≈公称直径－1.08×螺距

54. 内螺纹底孔直径应与螺纹的（　）基本相同。

A. 小径　B. 中径　C. 大径　D. 公称直径

55. 车削 M30×1.5 的螺纹，则进给量 F 应该为（　　）。

A. 1.5 mm/r　B. 1.5 mm/min

C. 0.1 mm/r　D. 0.1 mm/min

56. 数控车床车削螺纹时，在保证最小切深的前提下，每刀的切削深度一般是（　　）。

A. 递增的　B. 递减的　C. 均等的　D. 任意的

57. 采用两顶尖装夹的工件，（　　）进行切断。

A. 要使用充分的切削液　B. 不允许

C. 必须手动进给　D. 必须采用反切刀切断法

58. 数控车床上，车槽切断刀一般不能加工（　　）。

A. 矩形槽　B. U 形槽　C. 尖底 V 形槽　D. 梯形槽

59. 内沟槽的轴向尺寸可以用（　　）测量。

A. 游标卡尺　B. 针形深度尺　C. 沟形深度尺　D. 游标高度尺

60. 3 mm 宽内切槽刀加工一 5 mm 宽的内沟槽，正确的加工方法（槽底与两侧不留余量）是 *X* 向切到槽底后（　　）。

A. *Z* 向进给 5 mm

B. *Z* 向进给 2 mm

C. 提刀后 *Z* 向移动 5 mm，再 *X* 向切到槽底

D. 提刀后 *Z* 向移动 2 mm，再 *X* 向切到槽底

61. 宽度为 4 mm，首次切削直径为 $\phi58 \sim 100$ mm 的端面槽车刀，不能加工的端面槽为（　　）。

A. $\phi80 \sim 120$ mm　B. $\phi60 \sim 80$ mm

C. $\phi30 \sim 70$ mm　D. $\phi30 \sim 65$ mm

62. 加工一直径为 $\phi40 \sim 50$ mm 的端面槽，则端面槽刀宽度最大可以为（　）。

A. 4 mm　B. 6 mm　C. 8 mm　D. 10 mm

63. 麻花钻的几何角度最不合理的切削刃是（　　）。

A. 横刃　　B. 主切削刃　　C. 副切削刃　　D. 都不是

64. 标准中心钻的保护锥部分的圆锥角为（　　）。

A. 90°　　B. 60°　　C. 45°　　D. 30°

65. 螺纹公称直径为 D，螺距 $P\geqslant1$，攻螺纹前钻底孔的钻头直径约为（　　）。

A. $D-P$　　B. $D-(1.04\sim1.08)P$

C. $D-1.1P$　　D. $D-(1.1\sim1.3)P$

66. 45 钢工件，加工 ϕ8H7 孔，采用钻、粗铰、精铰的加工方案，则铰孔前钻底孔的钻头直径约为（　　）。

A. ϕ7.95 mm　　B. ϕ7.9 mm　　C. ϕ7.8 mm　　D. ϕ7.7 mm

67. 下列选项中，不能用来测量轴的圆度误差的计量器具是（　　）。

A. V 形块＋指示表　　B. 平板＋指示表

C. 外径千分尺　　D. 环规

68. 平板和带指示表的表架不能测量的误差是（　　）。

A. 位置度　　B. 平面度　　C. 平行度　　D. 圆度

69. 扩孔钻的切削刃数一般为（　　）刀齿。

A. 8～10 个　　B. 6～8 个

C. 4～6 个　　D. 3～4 个

70. 扩孔钻的结构与麻花钻相比有以下特点（　　）。

A. 刚度较高、导向性好

B. 刚度较低、但导向性好

C. 刚度较高、但导向性好

D. 刚度较低、导向性差

71. 45 钢工件，加工 ϕ25H7 的孔，采用钻、扩、粗铰、精铰的加工方案，钻、扩孔时的尺寸应该为（　　）。

A. ϕ23 mm、ϕ24.8 mm　　B. ϕ23 mm、ϕ24.9 mm

C. ϕ15 mm、ϕ24.8 mm　　D. ϕ15 mm、ϕ24.9 mm

72. 45 钢工件，加工 ϕ40H7 的孔，采用钻、扩、粗铰、精铰的加工方案，钻、扩孔时的尺寸应该为（　　）。

A. 钻 ϕ30 mm、扩 ϕ39.75 mm

B. 钻 ϕ25 mm、二次钻 ϕ38 mm、扩 ϕ39.75 mm

C. 钻 ϕ25 mm、二次钻 ϕ38 mm、扩 ϕ39.85 mm

D. 钻 ϕ25 mm、扩 ϕ39.85 mm

73. 45 钢实体材料上加工 ϕ40H10 的孔，宜采用的加工方案是（　　）。

A. 钻孔　B. 钻、扩　C. 钻、铰　D. 钻、扩、拉

74. 扩孔加工余量一般为（　　）。

A. 0.05～0.015 mm　B. 0.2～0.5 mm

C. 0.5～4 mm　D. 4～8 mm

75. 在车床上加工直径小、螺距小的内螺纹，为提高生产效率，常采用（　　）。

A. 旋风车削螺纹　B. 高速车削螺纹

C. 攻螺纹　D. 套螺纹

76. 在车床上加工 M6 的内螺纹，常采用（　　）。

A. 旋风车削螺纹　B. 高速车削螺纹

C. 套螺纹　D. 攻螺纹

77. 数控车床刚性攻螺纹时，每转进给量 F 应该（　　）丝锥导程。

A. 略大于　B. 小于　C. 大于　D. 等于

78. 攻螺纹时，必须保证丝锥轴线与螺纹孔轴线（　　）。

A. 同轴　B. 平行　C. 垂直　D. 倾斜

79. 为了测量直径的方便，一般选用（　　）齿数的铰刀。

A. 偶数　B. 奇数　C. 大　D. 小

80. 一般铰刀的前角为（　　）。

A. $-10°$　B. $0°$　C. $10°$　D. $20°$

81. 铰刀的公差最好选择被加工孔公差带中间（　　）左右的尺寸。

A. 1/2　B. 1/3　C. 1/4　D. 1/5

82. 铰 $\phi20^{+0.021}_{0}$ 的内孔，铰刀的极限偏差应为（　　）。

A. 上偏差+0.021，下偏差 0

B. 上偏差+0.021，下偏差+0.014

C. 上偏差+0.014，下偏差+0.007

D. 上偏差+0.007，下偏差 0

83. 通过钻→扩→铰加工，孔的直径通常能达到的精度等级为（　）。

A. IT5～IT6　B. IT6～IT7　C. IT7～IT8　D. IT8～IT9

84. 高速钢机铰刀铰 45 钢时，进给量一般取（　　）左右。

A. 2 mm/r　B. 1 mm/r　C. 0.8 mm/r　D. 0.4 mm/r

85. 一个完整的测量过程应包括测量对象、计量单位、测量精度和（　）。

A. 测量条件　B. 检验方法　C. 计量器具　D. 测量方法

86. 一个完整的测量过程应包括测量对象、测量方法、测量精度和（　）。

A. 计量单位　B. 检验方法　C. 计量器具　D. 测量条件

87. 在机械制造的精密测量中，常用的长度计量单位是（　　）。

A. mm（毫米）B. μm（微米）　C. nm（纳米）　D. cm（厘米）

88. 在机械制造的超精密测量中，常用的长度计量单位是（　）。

A. mm（毫米）B. μm（微米）　C. nm（纳米）　D. cm（厘米）

89. 只能判断被测工件是否合格，而不能获得被测工件具体尺寸数值的计量器具是（　　）。

A. 标准量具　B. 计量仪器　C. 极限量规　D. 计量装置

90. 有一阶梯孔，中间孔为 ϕ40 mm、长 30 mm，两端孔分别为 ϕ50 mm、长 60 mm，现要测量 ϕ40 mm 孔的直径，可以选用的测量器具为（　）。

A. 游标卡尺　B. 杠杆百分表　C. 内径千分尺　D. 内径百分表

91. 用三针法测量螺纹中径的方法属于（　）。

A. 相对测量　B. 在线测量　C. 综合测量　D. 间接测量

92. 用（　　）测量圆锥角和锥度的方法属于直接测量法。

A. 万能角度尺　B. 圆锥量规　C. 正弦规　D. 钢球

93. 在处理测量数据时，应该剔除（　）。

A. 粗大误差　　B. 系统误差　　C. 随机误差　　D. 绝对误差

94. 用一条名义长度为 3 m，而实际长度为 2.995 m 的钢直尺进行测量时，每量 6 m，就会比实际长度（　　）。

A. 短 0.010 m　　B. 长 0.010 m

C. 短 0.005 m　　D. 长 0.005 m

95. 游标卡尺主尺刻线的间距（每格）为（　　）。

A. 0.5 mm　　B. 1 mm　　C. 2 mm　　D. 3 mm

96. 精度为 0.02 mm 的游标卡尺的游标上有 50 个等分刻度，其总长为（　　）。

A. 47 mm　　B. 48 mm　　C. 49 mm　　D. 50 mm

97. 游标高度尺的主要用途除了测量零件的高度外，还有（　　）。

A. 测量外径　　B. 测量深度　　C. 划线　　D. 测量内径

98. 搬动游标高度尺时，应握持（　　）。

A. 划线规　　B. 量爪　　C. 尺身　　D. 底座

99. 游标万能角度尺的分度值通常为 2′和（　　）。

A. 1′　　B. 3′　　C. 4′　　D. 5′

100. 游标万能角度尺的分度值通常为 5′和（　　）。

A. 2′　　B. 4′　　C. 6′　　D. 8′

101. 游标卡尺的零误差为－0.2 mm，若直接读得的结果为 20.45 mm，那么物体的实际尺寸为（　　）。

A. 20.65 mm　B. 20.45 mm　C. 20.35 mm　D. 20.25 mm

102. 游标卡尺的零误差为－0.2 mm，若直接读得的结果为 20.25 mm，那么物体的实际尺寸为（　　）。

A. 20.65 mm　B. 20.45 mm　C. 20.35 mm　D. 20.25 mm

103. 外径千分尺的分度值为 0.01 mm，微分筒上有 50 条均布的刻度线，则内部螺旋机构的导程为（　　）。

A. 0.1 mm　B. 0.5 mm　C. 1 mm　D. 5 mm

104. 外径千分尺对零时的读数为“－0.01”，则当测量工件的读数为 49.95 mm 时，工件的实际尺寸应为（　　）。

A. 49.94 mm　B. 49.95 mm　C. 49.96 mm　D. 50.05 mm

105. 内径千分尺的分度值一般为（　　）。

A. 0.05 mm　B. 0.02 mm　C. 0.01 mm　D. 0.001 mm

106. 内径千分尺的两个量爪的测量面形状是（　　）。

A. 固定量爪是平面，活动量爪是圆弧面

B. 固定量爪是圆弧面，活动量爪是平面

C. 都是平面

D. 都是圆弧面

107. 百分表在使用时，被测工件表面和测量杆要（　　）。

A. 倾斜 60°　B. 倾斜 45°　C. 水平　D. 垂直

108. 百分表测量台阶时，若长针从 0 指到 10，则台阶高差是（　　）。

A. 0.1 mm　B. 0.5 mm　C. 1 mm　D. 10 mm

109. 没转数指示盘的指针式杠杆百分表的分度值为 0.01 mm，测量范围为（　　）。

A. 0～0.8 mm　B. 0.2～1 mm

C. 0～1 mm　D. 0.2～0.8 mm

110. 分度值为 0.01 mm 的外径千分尺的计量器具不确定度为（　　）。

A. 小于 0.01 mm　B. 等于 0.01 mm

C. 大于 0.01 mm　D. 视测量范围而定

111. 检验 ϕ4H7 的孔，可以选用的测量器具是（　　）。

A. 游标卡尺　B. 光滑塞规　C. 内径百分表　D. 内径千分尺

112. 内径百分表测量时，测量杆应该与被测孔径垂直，读数时应在（　　）。

A. 径向与轴向找最小值

B. 径向与轴向找最大值

C. 径向找最大值，轴向找最小值

D. 径向找最小值，轴向找最大值

113. 下列选项中属于专用量具的是（　　）。

A. 游标高度尺　　B. 齿厚卡尺
C. 内外沟槽卡尺　　D. 游标深度尺

114. 内外沟槽卡尺属于（　）。
A. 标准量具　B. 常规量具　C. 通用量具　D. 专用量具

115. 工具显微镜是一种高精度的（　　）测量仪。
A. 五坐标　B. 四坐标　C. 三坐标　D. 两坐标

116. 螺纹中径、螺距、牙型角的测量，可以选用（　　）。
A. 工具显微镜　　B. 螺纹千分尺
C. 螺纹塞规　　D. 量针

117. 干涉法检测表面粗糙度的方法主要用来测量表面粗糙度的（　　）参数。
A. R_z　B. R_y　C. S_m　D. R_a

118. 电感式轮廓仪主要用来测量表面粗糙度的（　　）参数。
A. R_z　B. R_a　C. S_m　D. R_y

119. 轴径 $\phi30\pm0.03$，直线度 $\phi0.02$，遵守最大实体要求，当实际尺寸处处为 $\phi30$ 时，则允许的直线度公差为（　　）。
A. $\phi0.08$　B. $\phi0.05$　C. $\phi0.03$　D. $\phi0.02$

120. 下列应用场合中，适合独立公差原则的是（　　）。
A. 轴承端盖连接孔组的位置度
B. 车床尾座孔与套筒的配合
C. 印刷机滚筒的直径尺寸与圆柱度
D. 联轴器上螺栓孔的位置度

121. 用两点法测量圆度误差符合（　　）。
A. 测量坐标值原则　　B. 与理想要素比较原则
C. 测量特征参数原则　　D. 控制实效边界原则

122. 针对形位误差检测原则中的控制实效边界原则，一般用（　　）检验。
A. 平板　B. 坐标测量仪　C. 百分表　D. 功能量规

123. 评定形状误差的准则是：被测实际要素对其理想要素的（　　）。

A. 最大变动量为最大　　B. 最小变动量为最小

C. 最小变动量为最大　　D. 最大变动量为最小

124. 某轴的圆柱度差为 0.05 mm，则该轴的圆度误差理论上应（　　）。

A. 小于等于 0.05 mm　　B. 小于 0.05 mm

C. 等于 0.05 mm　　D. 可能大于 0.05 mm

125. 某圆柱面的径向圆跳动误差为 0.05 mm，则该圆柱面的圆度误差理论上应（　　）。

A. 小于等于 0.05 mm　　B. 小于 0.05 mm

C. 等于 0.05 mm　　D. 可能大于 0.05 mm

126. 某轴端面全跳动误差为 0.025 mm，则该端面相对于轴线的垂直度误差为（　　）。

A. 小于等于 0.025 mm　　B. 等于 0.025 mm

C. 小于 0.025 mm　　D. 可能大于 0.025 mm

127. 形位误差的基准使用三基面体系时，第一基准应选（　　）。

A. 任意平面　　B. 最重要或最大的平面

C. 次要或较长的平面　　D. 不重要的平面

128. 评定形位误差时，孔的基准轴线可以通过（　　）来模拟体现。

A. 平板　　B. V 形块　　C. 心轴　　D. 刀口尺

129. 测量轴径尺寸为 $\phi 40h9(^{0}_{-0.062})$，根据要求查表得出计量器具不确定度允许值 0.005 6 mm，则符合经济性要求的计量器具为（　　）。

A. 分度值为 0.05 mm 的游标卡尺

B. 分度值为 0.02 mm 的游标卡尺

C. 分度值为 0.01 mm 的外径千分尺

D. 分度值为 0.01 mm 的内径千分尺

维护与故障诊断

一、判断题（将判断结果填入括号中。正确的填“√”，错误的填“×”）

1. 大中型数控机床的主轴为满足输出转矩特性要求，变速常采用分段无级变速。（　　）
2. 数控车床主轴脉冲发生器的作用主要是检测主轴转速。（　　）
3. 滚珠丝杠螺母副可以把直线运动变为旋转运动。（　　）
4. 滚珠丝杠螺母副的滚珠在返回过程中与丝杠脱离接触的为内循环。（　　）
5. 为使滚珠丝杠螺母副的轴向间隙消除，常采用双螺母结构。（　　）
6. 采用贴塑导轨的机床可实现机床的高速运动。（　　）
7. 偏心套调整时是通过改变两个齿轮的中心距来消除齿轮传动间隙的。（　　）
8. 某步进电动机三相单三拍运行时步距角为 3°，三相六拍运行时步距角为 6°。（　　）
9. 大惯量直流伺服电动机是通过提高输出力矩来提高力矩/惯量比。（　　）
10. 交流进给伺服电动机通常为三相交流异步电动机。（　　）
11. 光栅除了有光栅尺外，还有圆光栅，用于角位移测量。（　　）
12. 增量式脉冲编码器具有断电记忆功能。（　　）
13. 点检就是按有关维护文件的规定，对数控机床进行定点、定时的检查和维护。（　　）
14. 操作数控机床时，尽量打开电气控制柜门，便于机床电气柜的散热通风。（　　）
15. 只要数控系统不断电，其在线诊断功能就一直运行而不停止。（　　）
16. 数控系统的故障要么通过软件报警显示，要么通过硬件报警显示。（　　）
17. 机床软行程范围可以设置为某范围之内、某范围之外、某范围之间。（　　）
18. 系统电池的更换应在 CNC 系统断电状态下进行。（　　）
19. 水平仪可以用来测量导轨的直线度。（　　）
20. 调整机床水平时，应在地脚螺栓完全固定状态下找平。（　　）

二、单项选择题（选择一个正确的答案，将相应的字母填入题内的括号中）

1. 采用带有变速齿轮的主传动机构主要是为了（　　）。

A. 满足主轴转矩要求　　B. 减小振动和噪声

C. 提高主轴部件刚度　　D. 提高主轴回转精度

2. 采用带有变速齿轮的主传动机构主要是为了实现（　　）。

A. 低速段降低输出转矩　　B. 低速段提高输出转矩

C. 高速段提高输出转矩　　D. 高速段降低输出转矩

3. 数控车床主轴脉冲发生器的作用之一是为了实现（　　）。

A. 每分钟进给　　B. 每转进给

C. 主轴无级变速　　D. 主轴分段无级变速

4. 主轴上没有安装脉冲编码器的数控车床，不能加工（　　）。

A. 圆弧面　　B. 椭圆面　　C. 螺纹　　D. 圆锥面

5. 数控机床进给系统的运动变换机构采用（　　）。

A. 滑动丝杠螺母副　　B. 滑动导轨

C. 滚珠丝杠螺母副　　D. 滚动导轨

6. 数控机床与普通机床的进给传动系统的区别是数控机床采用（　　）。

A. 滑动导轨　　B. 滑动丝杠螺母副

C. 滚动导轨　　D. 滚珠丝杠螺母副

7. 滚珠丝杠螺母副的滚珠在返回过程中与丝杠始终接触的为（　　）。

A. 开循环　　B. 闭循环　　C. 外循环　　D. 内循环

8. 内循环滚珠丝杠螺母副中，每个工作滚珠循环回路的工作圈数为（　　）。

A. 1圈　　B. 2圈　　C. 2.5圈　　D. 3圈

9. 消除滚珠丝杠螺母副的轴向间隙主要是为了保证轴向刚度和（　　）。

A. 反向传动精度　　B. 同向传动精度

C. 传动效率　　D. 传动灵敏性

10. 下列滚柱丝杠副间隙调整方法中，调整精度最高的是（　　）。

A. 垫片调隙式　　B. 齿差调隙式

C. 螺纹调隙式　　　　　　　　D. 单螺母变导程调隙式

11. 适应高速运动的、普通数控机床常用的导轨形式是（　　）。

A. 静压导轨　　　　　　　　B. 滚动导轨

C. 滑动导轨　　　　　　　　D. 贴塑导轨

12. 下列导轨形式中，摩擦因数最小的是（　　）。

A. 滚动导轨　　　　　　　　B. 滑动导轨

C. 液体静压导轨　　　　　　D. 贴塑导轨

13. 双齿轮错齿调整齿轮传动间隙的特点是传动刚度（　　）。

A. 低，不能自动消除齿侧间隙

B. 高，不能自动消除齿侧间隙

C. 低，能自动消除齿侧间隙

D. 高，能自动消除齿侧间隙

14. 偏心套调整是通过两个齿轮的（　　）来消除齿轮传动间隙的。

A. 轴向相对位移增大　　　　B. 轴向相对位移减小

C. 中心距增大　　　　　　　D. 中心距减小

15. 某步进电动机三相单三拍运行时步距角为3°，三相双三拍运行时步距角为（　　）。

A. 1.5°　　B. 0.75°　　C. 6°　　D. 3°

16. 步进电动机的转速与输入脉冲的（　　）成正比。

A. 频率　　B. 电压　　C. 电流　　D. 数量

17. 直流进给伺服电动机常采用（　　）调速方式。

A. 改变电枢电流　　　　　　B. 改变电枢电压

C. 改变电枢电阻　　　　　　D. 改变磁通

18. 直流主轴电动机在额定转速以上的调速方式为（　　）。

A. 改变电枢电流　　　　　　B. 改变电枢电压

C. 改变磁通　　　　　　　　D. 改变电枢电阻

19. 目前，数控机床用于进给驱动的电动机大多采用（　　）。

A. 步进电动机　　　　　　　B. 直流伺服电动机

C. 三相永磁同步电动机　　　　　D. 三相交流异步电动机

20. 目前，数控机床主轴电动机大多采用（　　）。

A. 步进电动机　　　　　B. 直流伺服电动机

C. 三相永磁同步电动机　　　　　D. 三相交流异步电动机

21. 下列选项中，属于直线型位置检测装置的是（　　）。

A. 测速发电机　　　　　B. 脉冲编码器

C. 旋转变压器　　　　　D. 光栅尺

22. 设某光栅的条纹密度是 250 条/mm，要用它测出 1 μm 的位移，应采用（　　）细分电路。

A. 四倍频　　B. 六倍频　　C. 八倍频　　D. 十倍频

23. 设编码器每转产生 1 024 个脉冲，M 法测速时，在 1 s 内共测得 2 048 个脉冲，则转速为（　　）r/min。

A. 120　　B. 100　　C. 80　　D. 60

24. 半闭环控制的数控机床常用的位置检测装置是（　　）。

A. 光栅　　B. 脉冲编码器　　C. 磁栅　　D. 感应同步器

25. 数控机床需要（　　）检查润滑油油箱的油标和油量。

A. 不定期　　B. 每天　　C. 每半年　　D. 每年

26. 数控机床滚珠丝杠每隔（　　）需要更换润滑脂。

A. 一天　　B. 一星期　　C. 半年　　D. 一年

27. 机床通电后应首先检查（　　）是否正常。

A. 加工程序、气压　　　　　B. 各开关、按钮

C. 工件质量　　　　　D. 电压、工件精度

28. 为了使机床达到热平衡状态，必须使机床空运转（　　）以上。

A. 3 min　　B. 5 min　　C. 10 min　　D. 15 min

29. 系统正在执行当前程序段 N 时，预读处理了 N+1、N+2、N+3 程序段，现发生程序段格式出错报警，这时应重点检查（　　）。

A. 当前程序段 N　　　　　B. 程序段 N 和 N+1

C. 程序段N+1和N+2　　D. 程序段N+2和N+3

30. 显示器无显示但机床能够动作，故障原因可能是（　）。

A. 显示部分故障　　B. S倍率开关为0%

C. 机床锁住状态　　D. 机床未回零

31. 数控系统的软件报警有来自NC的报警和来自（　）的报警。

A. PLC　　B. P/S程序错误

C. 伺服系统　　D. 主轴伺服系统

32. 故障排除后，应按（　）消除软件报警信息显示。

A. CAN键　　B. RESET键

C. MESSAGE键　　D. DELETE键

33. 机床发生超程报警的原因不太可能是（　）。

A. 刀具参数错误　　B. 转速设置错误

C. 工件坐标系错误　　D. 程序坐标值错误

34. 机床行程极限不能通过（　）设置。

A. 机床限位开关　　B. 机床参数

C. M代码　　D. G代码

35. 系统电池的更换应在（　）状态下进行。

A. 机床断电　　B. 伺服系统断电

C. CNC系统通电　　D. 伺服系统通电

36. 存储器用电池应定期检查和更换，最主要是为了防止（　）丢失。

A. 加工坐标系　　B. 刀具参数

C. 用户宏程序　　D. 机床参数

37. 水平仪分度值为0.02 mm/1 000 mm，将该水平仪置于长200 mm的平板之上，偏差格数为3格，则该平板两端的高度差为（　）。

A. 0.06 mm　　B. 0.048 mm　　C. 0.024 mm　　D. 0.012 mm

38. 水平仪分度值为0.02 mm/1 000 mm，将该水平仪置于长500 mm的平板之上，偏差格数为2格，则该平板两端的高度差为（　）。

A. 0.04 mm　　B. 0.02 mm　　C. 0.01 mm　　D. 0.005 mm

39. 调整机床水平时，若水平仪水泡向前偏，则（　　）。

A. 调高后面垫铁或调低前面垫铁

B. 调高前面垫铁或调低后面垫铁

C. 调高右侧垫铁或调低左侧垫铁

D. 调高左侧垫铁或调低右侧垫铁

40. 为抑制或减小机床的振动，近年来数控机床大多采用（　　）来固定机床和进行调整。

A. 调整垫铁　　B. 弹性支撑

C. 等高垫铁　　D. 阶梯垫铁

第4部分

操作技能复习题

手工编程与数控加工仿真

一、轴类零件编程与仿真（二）（试题代码①：1.1.2；考核时间：90 min）

1. 试题单

（1）操作条件

1）计算机。

2）数控加工仿真软件。

3）零件图样（图号1.1.2）。

（2）操作内容

1）编制数控加工工艺。

2）手工编制加工程序。

3）数控加工仿真。

（3）操作要求

在指定盘符路径建立一文件夹，文件夹名为考生准考证号，数控加工仿真结果保存至该文件夹。文件名：考生准考证号 _ FZ。

① 试题代码表示该试题在鉴定方案表格中的所属位置。左起第一位表示项目号，第二位表示单元号，第三位表示在该项目、该单元下的第几个试题。

1）填写数控加工工艺卡片和数控刀具卡片。

2）虚拟外圆车刀和车孔刀的刀尖圆弧半径不允许设定为零。

3）螺纹底径按螺纹手册规定编制。

4）螺纹左旋、右旋以虚拟仿真机床为准。

5）每次装夹加工只允许有一个主程序。

6）第一次装夹加工主程序名为 O0001（FANUC）或 P1（PA），第二次装夹加工主程序名为 O0002（FANUC）或 P2（PA）。

注：盘符路径由鉴定站所在鉴定时指定。

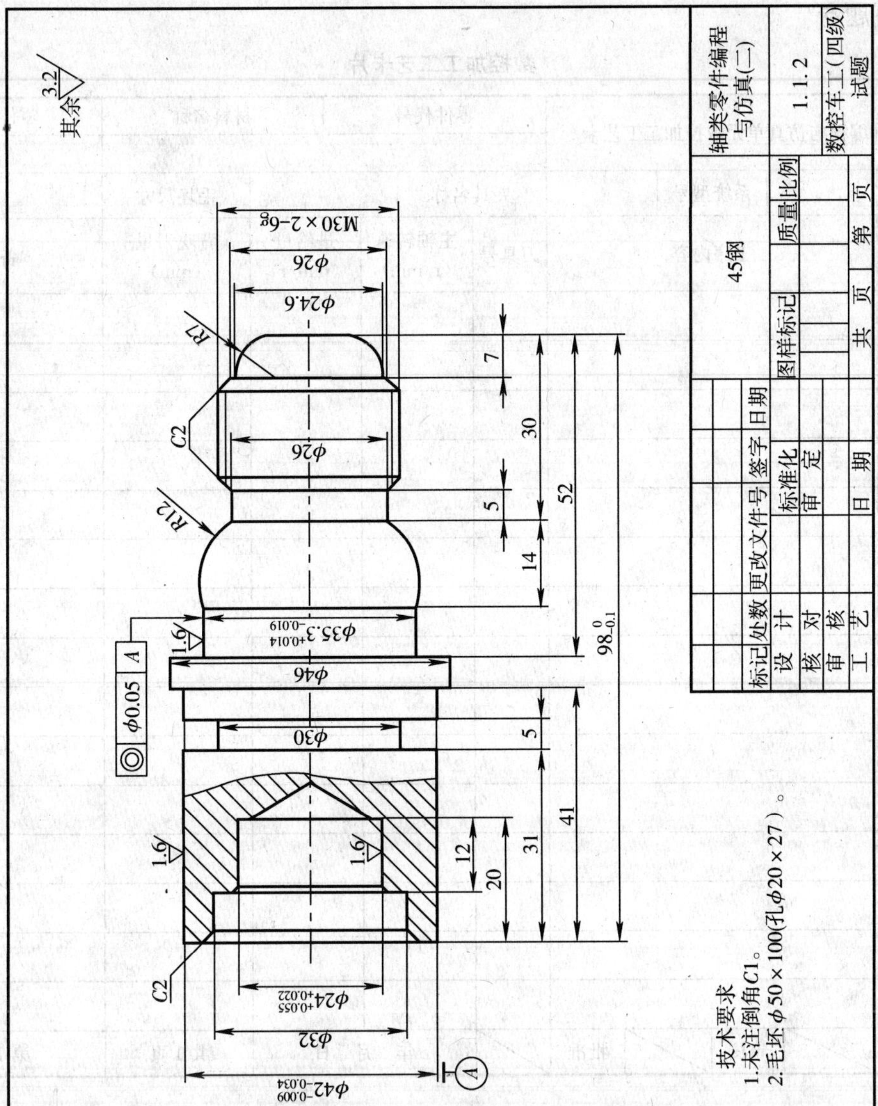
其余 3.2
M30×2−6g
φ26
φ24.6
R7
C2
φ26
R12
1.6
φ35.3+0.014 −0.019
φ0.05 A
φ46
φ30
1.6
1.6
C2
φ24+0.055 +0.022
φ32
φ42−0.009 −0.034
A
7
30
5
52
14
98 0 −0.1
5
41
31
12
20
技术要求
1.未注倒角C1。
2.毛坯φ50×100(孔φ20×27)。
轴类零件编程与仿真(二)
1.1.2
数控车工(四级)试题
45钢
图样标记
质量
比例
共　页
第　页
标记
处数
更改文件号
签字
日期
设　计
标准化
核　对
审　定
审　核
工　艺
日　期

2. 答题卷

数控加工工艺卡片

轴类零件编程与仿真单元数控加工工艺卡		零件代号		材料名称		零件数量
						1
设备名称		系统型号		夹具名称		毛坯尺寸
工序号	工序内容	刀具号	主轴转速（r/min）	进给量（mm/r）	背吃刀量（mm）	备注
编制		审核		批准		年 月 日	共1页	第1页

数控刀具卡片

序号	刀具号	刀具名称	刀片/刀具规格	刀尖圆弧半径	刀具材料	备注

编制		审核		批准		年　月　日	共 1 页	第 1 页

3. 评分表

试题名称及编号		1.1.2　轴类零件编程与仿真（二）			考核时间					90 min
评价要素		配分	等级	评分细则	评定等级					得分
					A	B	C	D	E	
1	工艺卡片：工步内容、切削参数	5	A	工序工步、切削参数合理						
			B	1 个工步、切削参数不合理						
			C	2 个工步、切削参数不合理						
			D	3 个及以上工步、切削参数不合理						
			E	未答题						
2	工艺卡片：其他各项（夹具、材料、NC 程序文件名、使用设备等）	1	A	填写完整、正确						
			B	—						
			C	—						
			D	漏填或错填 1 项及以上						
			E	未答题						

续表

试题名称及编号		1.1.2 轴类零件编程与仿真（二）			考核时间					90 min
评价要素		配分	等级	评分细则	评定等级					得分
					A	B	C	D	E	
3	数控刀具卡片	2	A	刀具选择合理，填写完整						
			B	—						
			C	1把刀具不合理或漏选						
			D	2把及以上刀具不合理或漏选						
			E	未答题						
4	内外圆、槽、螺纹加工程序与实体加工仿真	16	A	正确而且简洁高效						
			B	正确但效率不高						
			C	—						
			D	不正确						
			E	未答题						
5	$\phi42_{-0.034}^{-0.009}$	2	A	符合公差要求						
			B	—						
			C	—						
			D	不符合公差要求						
			E	未答题						
6	$\phi24_{+0.022}^{+0.055}$	2	A	符合公差要求						
			B	—						
			C	—						
			D	不符合公差要求						
			E	未答题						
7	刀尖圆弧半径补偿	2	A	含圆弧的外圆加工程序使用了正确的刀尖圆弧半径补偿						
			B	—						
			C	—						
			D	没使用正确的刀尖圆弧半径补偿						
			E	未答题						

续表

试题名称及编号	1.1.2　轴类零件编程与仿真（二）			考核时间					90 min
评价要素	配分	等级	评分细则	评定等级					得分
				A	B	C	D	E	
合计配分	30	合计得分							
备注	1. 程序“简洁高效”是指能采用正确的循环指令，循环指令参数设定正确，没有明显的空刀现象 2. 程序“效率不高”是指所选编程指令不是最合适的，或者参数设定不合理，有明显的空刀现象								

等级	A（优）	B（良）	C（及格）	D（差）	E（未答题）
比值	1.0	0.8	0.6	0.2	0

“评价要素”得分＝配分×等级比值。

二、轴类零件编程与仿真（三）（试题代码：1.1.3；考核时间：90 min）

1. 试题单

（1）操作条件

1）计算机。

2）数控加工仿真软件。

3）零件图样（图号 1.1.3）。

（2）操作内容

1）编制数控加工工艺。

2）手工编制加工程序。

3）数控加工仿真。

（3）操作要求

在指定盘符路径建立一文件夹，文件夹名为考生准考证号，数控加工仿真结果保存至该文件夹。文件名：考生准考证号 _ FZ。

1）填写数控加工工艺卡片和数控刀具卡片。

2）虚拟外圆车刀和车孔刀的刀尖圆弧半径不允许设定为零。

3）螺纹底径按螺纹手册规定编制。

4）螺纹左旋、右旋以虚拟仿真机床为准。

5）每次装夹加工只允许有一个主程序。

6）第一次装夹加工主程序名为 O0001（FANUC）或 P1（PA），第二次装夹加工主程序名为 O0002（FANUC）或 P2（PA）。

注：盘符路径由鉴定站所在鉴定时指定。

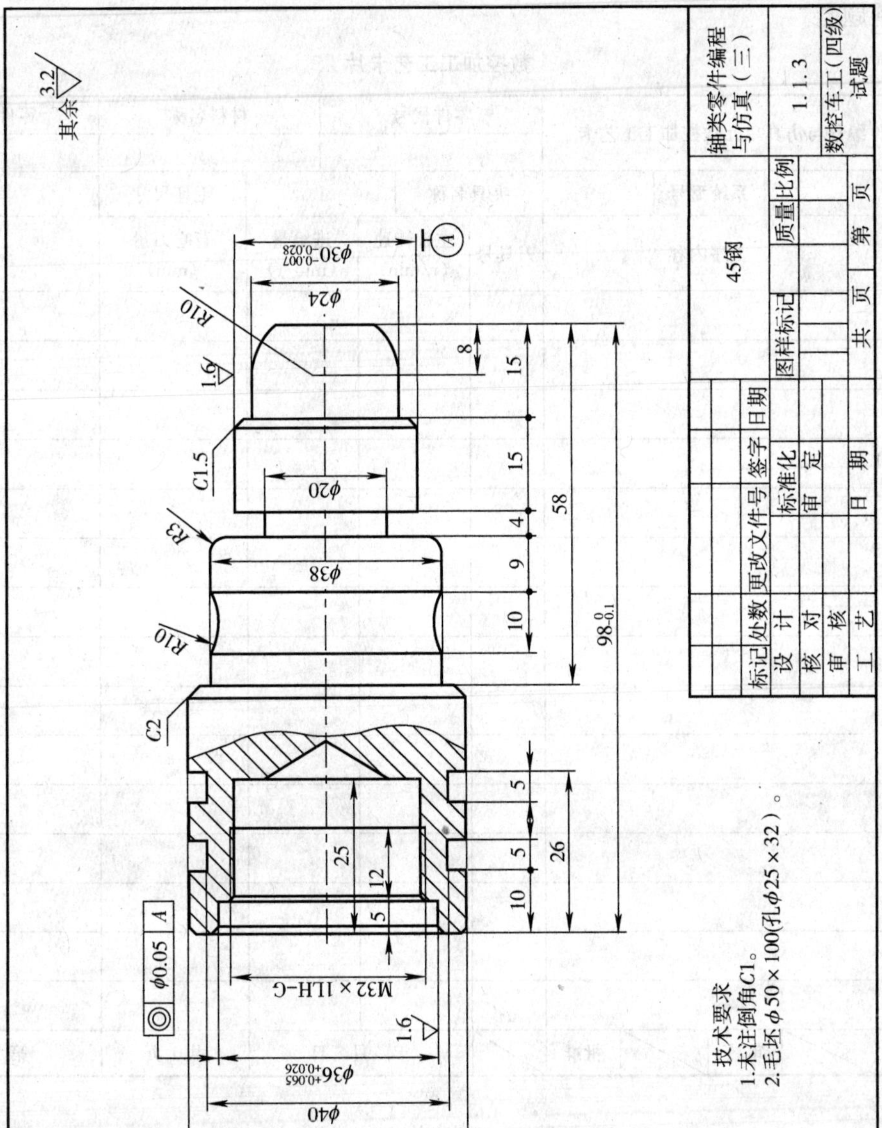
其余 3.2
A
ϕ30-0.007 -0.028
ϕ24
R10
1.6
8
15
C1.5
15
ϕ20
58
R3
4
ϕ38
9
R10
10
98 0 -0.1
C2
5
25
5
26
12
10
5
ϕ0.05 A
M32×1LH-G
1.6
ϕ36+0.065 +0.026
ϕ40
ϕ46
技术要求
1.未注倒角C1。
2.毛坯ϕ50×100(孔ϕ25×32)。
轴类零件编程与仿真（三）
1.1.3
数控车工(四级)试题
45钢
图样标记
质量
比例
共　页
第　页
标记
处数
更改文件号
签字
日期
设计
标准化
核对
审定
审核
日期
工艺

2. 答题卷

数控加工工艺卡片

轴类零件编程与仿真单元数控加工工艺卡		零件代号		材料名称		零件数量
						1
设备名称		系统型号		夹具名称		毛坯尺寸
工序号	工序内容	刀具号	主轴转速（r/min）	进给量（mm/r）	背吃刀量（mm）	备注
编制		审核		批准	年 月 日	共1页 第1页

数控刀具卡片

序号	刀具号	刀具名称	刀片/刀具规格	刀尖圆弧半径	刀具材料	备注
编制		审核	批准	年　月　日	共1页	第1页

3. 评分表

试题名称及编号		1.1.3 轴类零件编程与仿真（三）			考核时间					90 min
评价要素		配分	等级	评分细则	评定等级					得分
					A	B	C	D	E	
1	工艺卡片：工步内容、切削参数	5	A	工序工步、切削参数合理						
			B	1个工步、切削参数不合理						
			C	2个工步、切削参数不合理						
			D	3个及以上工步、切削参数不合理						
			E	未答题						
2	工艺卡片：其他各项（夹具、材料、NC程序文件名、使用设备等）	1	A	填写完整、正确						
			B	—						
			C	—						
			D	漏填或填错1项及以上						
			E	未答题						

续表

试题名称及编号				1.1.3 轴类零件编程与仿真（三）	考核时间					90 min
评价要素		配分	等级	评分细则	评定等级					得分
					A	B	C	D	E	
3	数控刀具卡片	2	A	刀具选择合理，填写完整						
			B	—						
			C	1把刀具不合理或漏选						
			D	2把及以上刀具不合理或漏选						
			E	未答题						
4	内外圆、槽、螺纹加工程序与实体加工仿真	16	A	正确而且简洁高效						
			B	正确但效率不高						
			C	—						
			D	不正确						
			E	未答题						
5	$\phi30_{-0.028}^{-0.007}$	2	A	符合公差要求						
			B	—						
			C	—						
			D	不符合公差要求						
			E	未答题						
6	$\phi36_{+0.026}^{+0.065}$	2	A	符合公差要求						
			B	—						
			C	—						
			D	不符合公差要求						
			E	未答题						
7	刀尖圆弧半径补偿	2	A	含圆弧的外圆加工程序使用了正确的刀尖圆弧半径补偿						
			B	—						
			C	—						
			D	没使用正确的刀尖圆弧半径补偿						
			E	未答题						
合计配分		30		合计得分						
备注	1. 程序“简洁高效”是指能采用正确的循环指令，循环指令参数设定正确，没有明显的空刀现象 2. 程序“效率不高”是指所选编程指令不是最合适的，或者参数设定不合理，有明显的空刀现象									

等级	A（优）	B（良）	C（及格）	D（差）	E（未答题）
比值	1.0	0.8	0.6	0.2	0

“评价要素”得分＝配分×等级比值。

三、轴类零件编程与仿真（四）（试题代码：1.1.4；考核时间：90 min）

1. 试题单

（1）操作条件

1）计算机。

2）数控加工仿真软件。

3）零件图样（图号 1.1.4）。

（2）操作内容

1）编制数控加工工艺。

2）手工编制加工程序。

3）数控加工仿真。

（3）操作要求

在指定盘符路径建立一文件夹，文件夹名为考生准考证号，数控加工仿真结果保存至该文件夹。文件名：考生准考证号 _ FZ。

1）填写数控加工工艺卡片和数控刀具卡片。

2）虚拟外圆车刀和车孔刀的刀尖圆弧半径不允许设定为零。

3）螺纹底径按螺纹手册规定编制。

4）螺纹左旋、右旋以虚拟仿真机床为准。

5）每次装夹加工只允许有一个主程序。

6）第一次装夹加工主程序名为 O0001（FANUC）或 P1（PA），第二次装夹加工主程序名为 O0002（FANUC）或 P2（PA）。

注：盘符路径由鉴定站所在鉴定时指定。

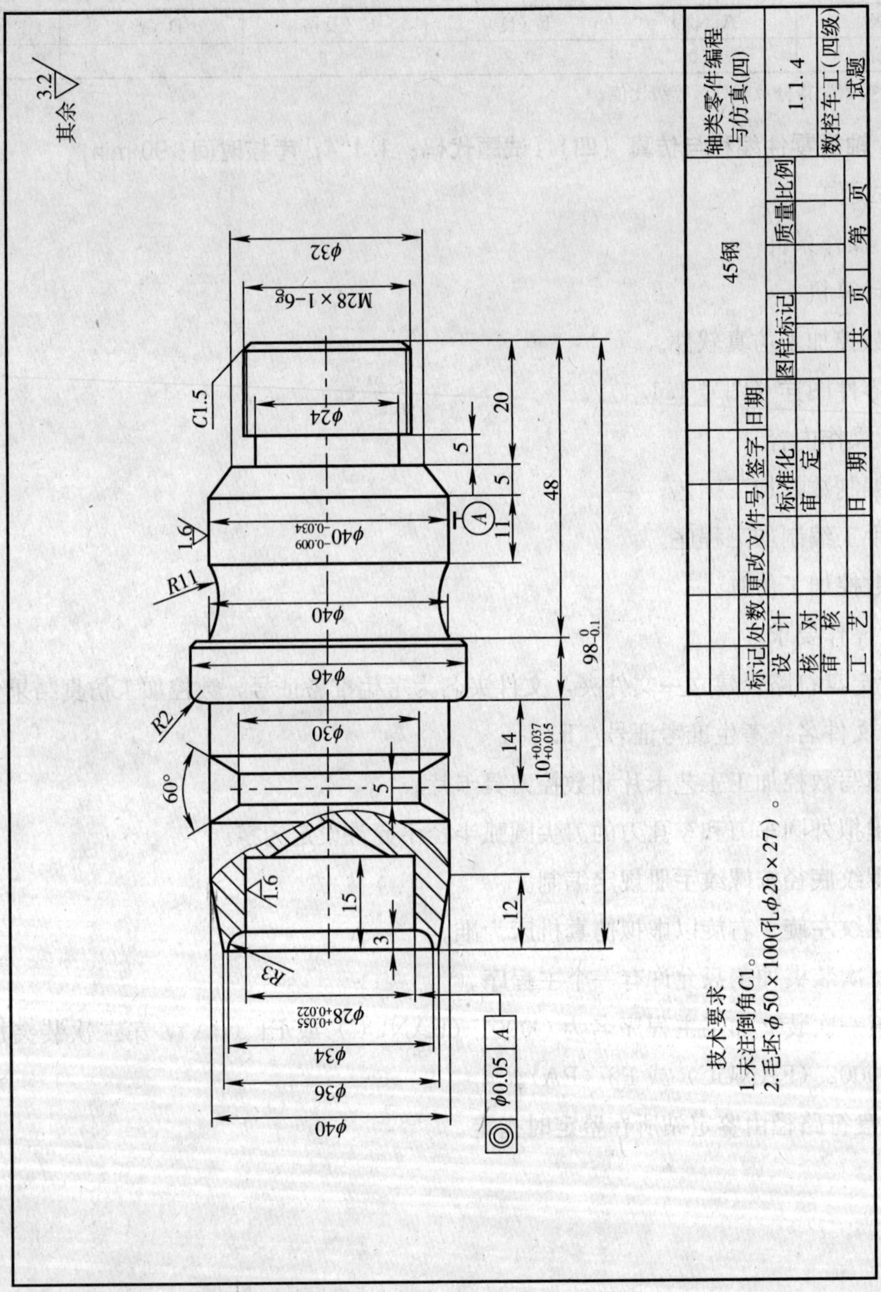

其余 3.2
M28×1−6g
φ32
C1.5
φ24
20
5
5
48
1.6
φ40$^{-0.009}_{-0.034}$
A
11
R11
φ40
98$^{0}_{-0.1}$
φ46
R2
φ30
14
10$^{+0.037}_{+0.015}$
60°
5
1.6
15
12
3
R3
φ28$^{+0.055}_{+0.022}$
φ34
φ36
φ40
φ0.05 A
技术要求
1.未注倒角C1。
2.毛坯φ50×100(孔φ20×27)。
标记 处数 更改文件号 签字 日期
设计 标准化
校对 审定
审核
工艺 日期
45钢
图样标记 质量比例
共 页 第 页
轴类零件编程与仿真(四)
1.1.4
数控车工(四级)试题

2. 答题卷

数控加工工艺卡片

轴类零件编程与仿真单元数控加工工艺卡	零件代号	材料名称	零件数量
			1

设备名称		系统型号		夹具名称		毛坯尺寸	

工序号	工序内容	刀具号	主轴转速 (r/min)	进给量 (mm/r)	背吃刀量 (mm)	备注

编制		审核		批准		年　月　日	共 1 页	第 1 页

数控刀具卡片

序号	刀具号	刀具名称	刀片/刀具规格	刀尖圆弧半径	刀具材料	备注
编制		审核		批准		年 月 日	共1页	第1页

3. 评分表

试题名称及编号		1.1.4 轴类零件编程与仿真（四）			考核时间					90 min
评价要素		配分	等级	评分细则	评定等级					得分
					A	B	C	D	E	
1	工艺卡片：工步内容、切削参数	5	A	工序工步、切削参数合理						
			B	1个工步、切削参数不合理						
			C	2个工步、切削参数不合理						
			D	3个及以上工步、切削参数不合理						
			E	未答题						
2	工艺卡片：其他各项（夹具、材料、NC程序文件名、使用设备等）	1	A	填写完整、正确						
			B	—						
			C	—						
			D	漏填或填错1项及以上						
			E	未答题						

续表

试题名称及编号		1.1.4　轴类零件编程与仿真（四）			考核时间					90 min
评价要素		配分	等级	评分细则	评定等级					得分
					A	B	C	D	E	
3	数控刀具卡片	2	A	刀具选择合理，填写完整						
			B	—						
			C	1把刀具不合理或漏选						
			D	2把及以上刀具不合理或漏选						
			E	未答题						
4	内外圆、槽、螺纹加工程序与实体加工仿真	16	A	正确而且简洁高效						
			B	正确但效率不高						
			C	—						
			D	不正确						
			E	未答题						
5	$\phi40_{-0.034}^{-0.009}$	2	A	符合公差要求						
			B	—						
			C	—						
			D	不符合公差要求						
			E	未答题						
6	$\phi28_{+0.022}^{+0.055}$	2	A	符合公差要求						
			B	—						
			C	—						
			D	不符合公差要求						
			E	未答题						
7	刀尖圆弧半径补偿	2	A	左、右外圆及内孔共3段加工程序都使用了正确的刀尖圆弧半径补偿						
			B	有1段加工程序没使用正确的刀尖圆弧半径补偿						
			C	有2段加工程序没使用正确的刀尖圆弧半径补偿						
			D	都没使用正确的刀尖圆弧半径补偿						
			E	未答题						
合计配分		30		合计得分						
备注	1. 程序“简洁高效”是指能采用正确的循环指令，循环指令参数设定正确，没有明显的空刀现象 2. 程序“效率不高”是指所选编程指令不是最合适的，或者参数设定不合理，有明显的空刀现象									

等级	A（优）	B（良）	C（及格）	D（差）	E（未答题）
比值	1.0	0.8	0.6	0.2	0

“评价要素”得分＝配分×等级比值。

四、轴类零件编程与仿真（五）（试题代码：1.1.5；考核时间：90 min）

1. 试题单

（1）操作条件

1）计算机。

2）数控加工仿真软件。

3）零件图样（图号 1.1.5）。

（2）操作内容

1）编制数控加工工艺。

2）手工编制加工程序。

3）数控加工仿真。

（3）操作要求

在指定盘符路径建立一文件夹，文件夹名为考生准考证号，数控加工仿真结果保存至该文件夹。文件名：考生准考证号 _ FZ。

1）填写数控加工工艺卡片和数控刀具卡片。

2）虚拟外圆车刀和车孔刀的刀尖圆弧半径不允许设定为零。

3）螺纹底径按螺纹手册规定编制。

4）螺纹左旋、右旋以虚拟仿真机床为准。

5）每次装夹加工只允许有一个主程序。

6）第一次装夹加工主程序名为 O0001（FANUC）或 P1（PA），第二次装夹加工主程序名为 O0002（FANUC）或 P2（PA）。

注：盘符路径由鉴定站所在鉴定时指定。

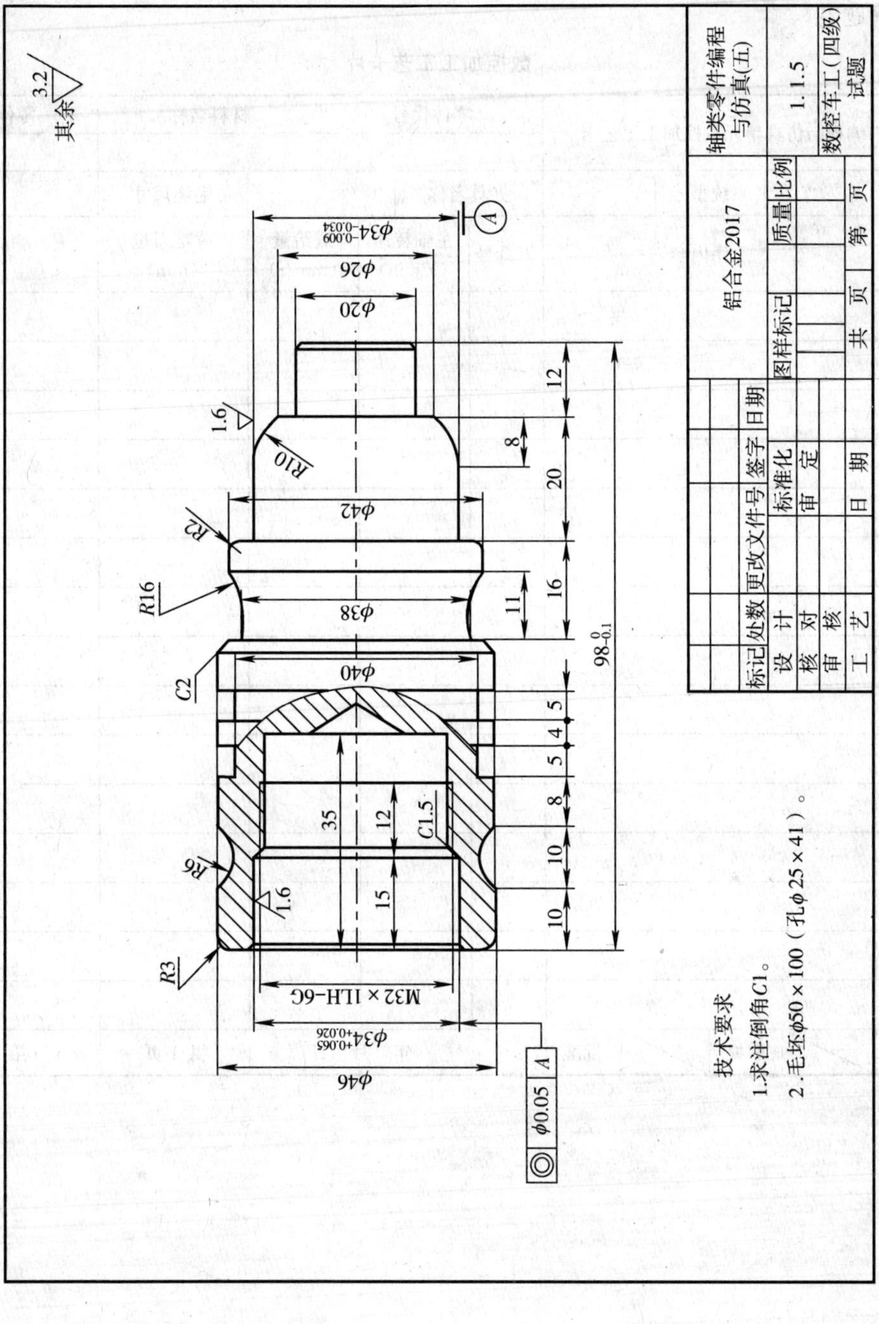
其余 3.2
φ34-0.009 -0.034
φ26
φ20
A
12
1.6
8
R10
20
φ42
R2
R16
16
11
φ38
98 0 -0.1
C2
φ40
5
4
5
8
35
12
C1.5
10
R6
1.6
15
10
R3
M32×1LH-6G
φ34+0.065 +0.026
φ46
φ0.05 A
技术要求
1.求注倒角C1。
2.毛坯φ50×100（孔φ25×41）。
轴类零件编程与仿真(五)
铝合金2017
1.1.5
数控车工(四级)试题
标记 处数 更改文件号 签字 日期
设计 标准化 图样标记 质量 比例
核对 审定
审核
工艺 日期 共 页 第 页

2. 答题卷

数控加工工艺卡片

轴类零件编程与仿真单元数控加工工艺卡		零件代号		材料名称		零件数量
						1
设备名称	系统型号	夹具名称		毛坯尺寸		
工序号	工序内容	刀具号	主轴转速（r/min）	进给量（mm/r）	背吃刀量（mm）	备注
编制	审核	批准	年 月 日		共1页	第1页

数控刀具卡片

序号	刀具号	刀具名称	刀片/刀具规格	刀尖圆弧半径	刀具材料	备注

编制		审核		批准		年 月 日	共 1 页	第 1 页

3. 评分表

试题名称及编号		1.1.5 轴类零件编程与仿真（五）			考核时间					90 min
评价要素		配分	等级	评分细则	评定等级					得分
					A	B	C	D	E	
1	工艺卡片：工步内容、切削参数	5	A	工序工步、切削参数合理						
			B	1 个工步、切削参数不合理						
			C	2 个工步、切削参数不合理						
			D	3 个及以上工步、切削参数不合理						
			E	未答题						
2	工艺卡片：其他各项（夹具、材料、NC 程序文件名、使用设备等）	1	A	填写完整、正确						
			B	—						
			C	—						
			D	漏填或填错 1 项及以上						
			E	未答题						

续表

试题名称及编号		1.1.5 轴类零件编程与仿真（五）			考核时间					90 min
评价要素		配分	等级	评分细则	评定等级					得分
					A	B	C	D	E	
3	数控刀具卡片	2	A	刀具选择合理，填写完整						
			B	—						
			C	1 把刀具不合理或漏选						
			D	2 把及以上刀具不合理或漏选						
			E	未答题						
4	内外圆、槽、螺纹加工程序与实体加工仿真	16	A	正确而且简洁高效						
			B	正确但效率不高						
			C	—						
			D	不正确						
			E	未答题						
5	$\phi34_{-0.034}^{-0.009}$	2	A	符合公差要求						
			B	—						
			C	—						
			D	不符合公差要求						
			E	未答题						
6	$\phi34_{+0.026}^{+0.065}$	2	A	符合公差要求						
			B	—						
			C	—						
			D	不符合公差要求						
			E	未答题						
7	刀尖圆弧半径补偿	2	A	左、右外圆共 2 段加工程序都使用了正确的刀尖圆弧半径补偿						
			B	—						
			C	有 1 段加工程序没使用正确的刀尖圆弧半径补偿						
			D	都没使用正确的刀尖圆弧半径补偿						
			E	未答题						
合计配分		30	合计得分							
备注	1. 程序“简洁高效”是指能采用正确的循环指令，循环指令参数设定正确，没有明显的空刀现象 2. 程序“效率不高”是指所选编程指令不是最合适的，或者参数设定不合理，有明显的空刀现象									

等级	A（优）	B（良）	C（及格）	D（差）	E（未答题）
比值	1.0	0.8	0.6	0.2	0

“评价要素”得分＝配分×等级比值。

五、轴类零件编程与仿真（六）（试题代码：1.1.6；考核时间：90 min）

1. 试题单

（1）操作条件

1）计算机。

2）数控加工仿真软件。

3）零件图样（图号1.1.6）。

（2）操作内容

1）编制数控加工工艺。

2）手工编制加工程序。

3）数控加工仿真。

（3）操作要求

在指定盘符路径建立一文件夹，文件夹名为考生准考证号，数控加工仿真结果保存至该文件夹。文件名：考生准考证号 _ FZ。

1）填写数控加工工艺卡片和数控刀具卡片。

2）虚拟外圆车刀和车孔刀的刀尖圆弧半径不允许设定为零。

3）螺纹底径按螺纹手册规定编制。

4）螺纹左旋、右旋以虚拟仿真机床为准。

5）每次装夹加工只允许有一个主程序。

6）第一次装夹加工主程序名为O0001（FANUC）或P1（PA），第二次装夹加工主程序名为O0002（FANUC）或P2（PA）。

注：盘符路径由鉴定站所在鉴定时指定。

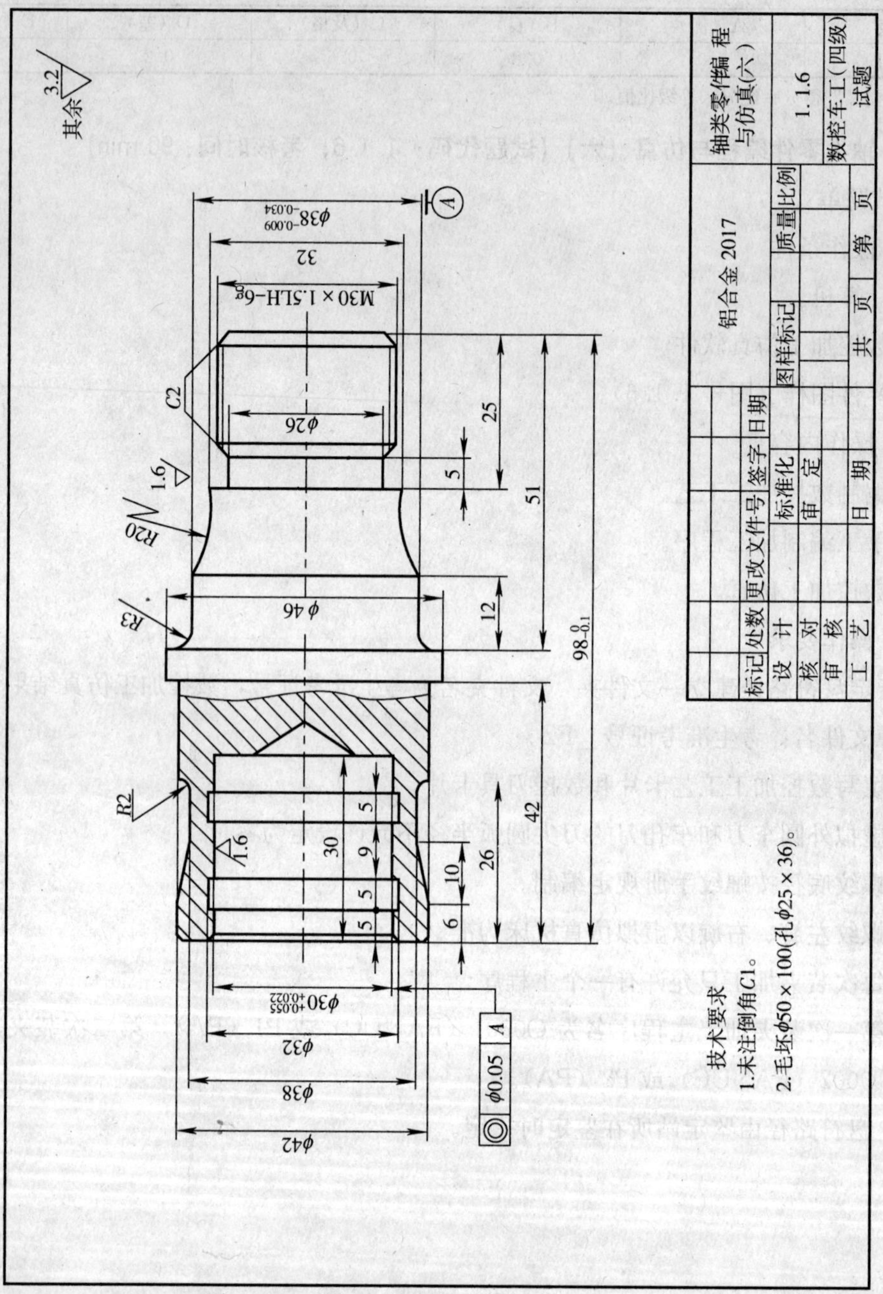

其余 3.2
φ38 -0.009 -0.034
A
32
M30×1.5LH-6g
C2
φ26
1.6
R20
25
5
51
R3
φ46
12
98 0 -0.1
R2
1.6
30
5
9
5
5
42
26
10
6
φ30 +0.055 +0.022
φ32
φ38
φ42
φ0.05 A
技术要求
1.未注倒角C1。
2.毛坯φ50×100(孔φ25×36)。
标记
处数
更改文件号
签字
日期
设计
标准化
图样标记
质量
比例
核对
审定
审核
工艺
日期
共 页
第 页
铝合金 2017
轴类零件编程与仿真(六)
1.1.6
数控车工(四级)试题

2. 答题卷

数控加工工艺卡片

轴类零件编程与仿真单元数控加工工艺卡	零件代号	材料名称	零件数量
			1

设备名称		系统型号		夹具名称		毛坯尺寸	

工序号	工序内容	刀具号	主轴转速（r/min）	进给量（mm/r）	背吃刀量（mm）	备注

编制		审核		批准		年　月　日	共 1 页	第 1 页

数控刀具卡片

序号	刀具号	刀具名称	刀片/刀具规格	刀尖圆弧半径	刀具材料	备注

编制		审核		批准		年　月　日	共1页	第1页

3. 评分表

试题名称及编号		1.1.6　轴类零件编程与仿真（六）			考核时间					90 min
评价要素		配分	等级	评分细则	评定等级					得分
					A	B	C	D	E	
1	工艺卡片：工步内容、切削参数	5	A	工序工步、切削参数合理						
			B	1个工步、切削参数不合理						
			C	2个工步、切削参数不合理						
			D	3个及以上工步、切削参数不合理						
			E	未答题						
2	工艺卡片：其他各项（夹具、材料、NC程序文件名、使用设备等）	1	A	填写完整、正确						
			B	—						
			C	—						
			D	漏填或填错1项及以上						
			E	未答题						

续表

试题名称及编号			1.1.6　轴类零件编程与仿真（六）		考核时间					90 min
评价要素		配分	等级	评分细则	评定等级					得分
					A	B	C	D	E	
3	数控刀具卡片	2	A	刀具选择合理，填写完整						
			B	—						
			C	1把刀具不合理或漏选						
			D	2把及以上刀具不合理或漏选						
			E	未答题						
4	内外圆、槽、螺纹加工程序与实体加工仿真	16	A	正确而且简洁高效						
			B	正确但效率不高						
			C	—						
			D	不正确						
			E	未答题						
5	$\phi38^{-0.009}_{-0.034}$	2	A	符合公差要求						
			B	—						
			C	—						
			D	不符合公差要求						
			E	未答题						
6	$\phi30^{+0.055}_{+0.022}$	2	A	符合公差要求						
			B	—						
			C	—						
			D	不符合公差要求						
			E	未答题						
7	刀尖圆弧半径补偿	2	A	左、右外圆共2段加工程序都使用了正确的刀尖圆弧半径补偿						
			B							
			C	有1段加工程序没使用正确的刀尖圆弧半径补偿						
			D	都没使用正确的刀尖圆弧半径补偿						
			E	未答题						
合计配分		30		合计得分						
备注	1. 程序“简洁高效”是指能采用正确的循环指令，循环指令参数设定正确，没有明显的空刀现象 2. 程序“效率不高”是指所选编程指令不是最合适的，或者参数设定不合理，有明显的空刀现象									

等级	A（优）	B（良）	C（及格）	D（差）	E（未答题）
比值	1.0	0.8	0.6	0.2	0

“评价要素”得分＝配分×等级比值。

六、轴类零件编程与仿真（七）（试题代码：1.1.7；考核时间：90 min）

1. 试题单

（1）操作条件

1）计算机。

2）数控加工仿真软件。

3）零件图样（图号 1.1.7）。

（2）操作内容

1）编制数控加工工艺。

2）手工编制加工程序。

3）数控加工仿真。

（3）操作要求

在指定盘符路径建立一文件夹，文件夹名为考生准考证号，数控加工仿真结果保存至该文件夹。文件名：考生准考证号 _ FZ。

1）填写数控加工工艺卡片和数控刀具卡片。

2）虚拟外圆车刀和车孔刀的刀尖圆弧半径不允许设定为零。

3）螺纹底径按螺纹手册规定编制。

4）螺纹左旋、右旋以虚拟仿真机床为准。

5）每次装夹加工只允许有一个主程序。

6）第一次装夹加工主程序名为 O0001（FANUC）或 P1（PA），第二次装夹加工主程序名为 O0002（FANUC）或 P2（PA）。

注：盘符路径由鉴定站所在鉴定时指定。

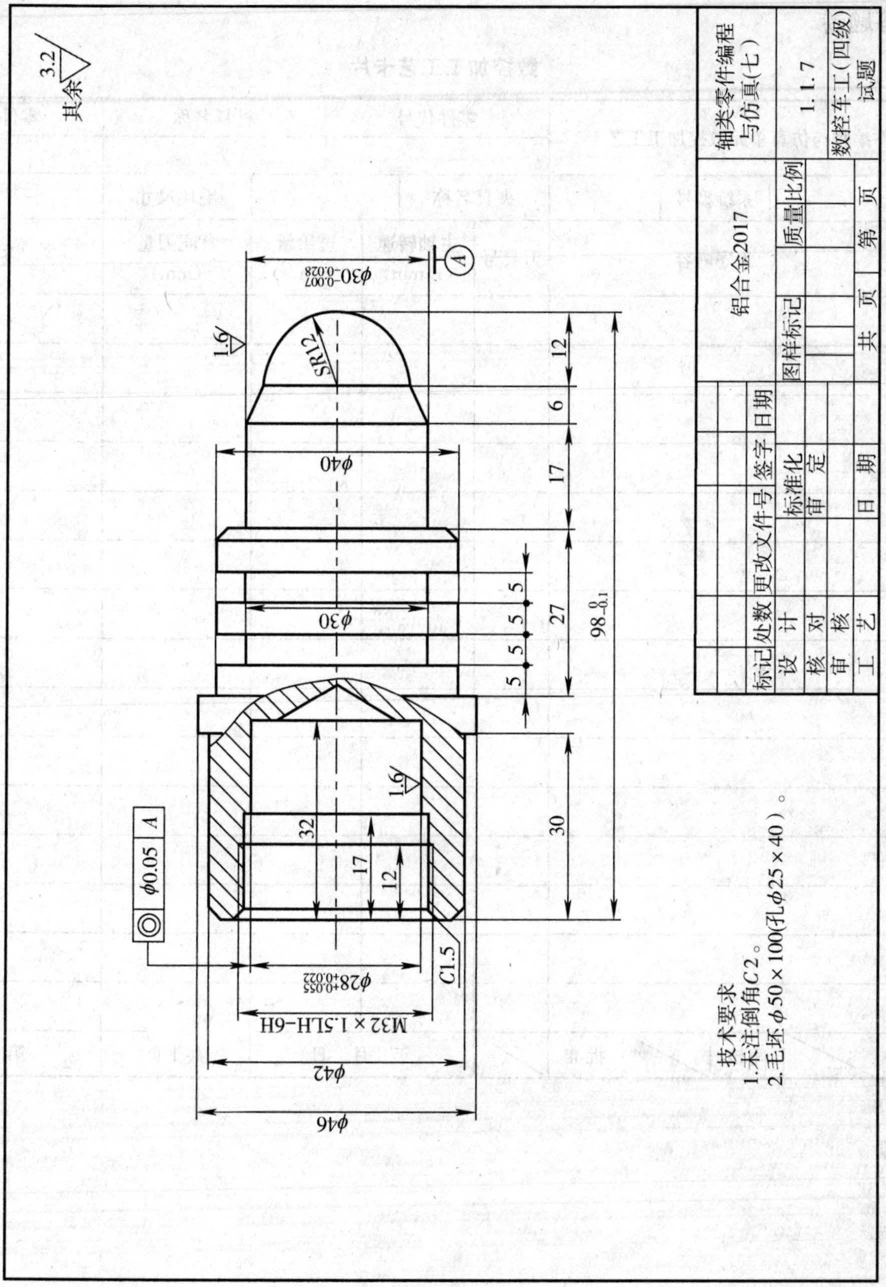
其余 3.2
1.6
SR12
$\phi30^{-0.007}_{-0.028}$
A
$\phi40$
$\phi30$
12
6
17
27
$98^{\ 0}_{-0.1}$
5
5
5
5
30
32
17
12
1.6
C1.5
$\phi0.05$ A
$\phi28^{+0.055}_{+0.022}$
M32×1.5LH−6H
$\phi42$
$\phi46$
技术要求
1.未注倒角C2。
2.毛坯 $\phi50\times100$(孔 $\phi25\times40$)。
铝合金2017
轴类零件编程与仿真(七)
1.1.7
数控车工(四级)试题
标记 处数 更改文件号 签字 日期
设计 标准化
校对 审定
审核
工艺 日期
图样标记 质量 比例
共 页 第 页

2. 答题卷

数控加工工艺卡片

轴类零件编程与仿真单元数控加工工艺卡		零件代号		材料名称		零件数量
						1
设备名称		系统型号		夹具名称		毛坯尺寸
工序号	工序内容	刀具号	主轴转速（r/min）	进给量（mm/r）	背吃刀量（mm）	备注
编制	审核	批准	年 月 日		共1页	第1页

数控刀具卡片

序号	刀具号	刀具名称	刀片/刀具规格	刀尖圆弧半径	刀具材料	备注
编制		审核		批准		年　月　日	共 1 页	第 1 页

3. 评分表

试题名称及编号		1.1.7　轴类零件编程与仿真（七）			考核时间					90 min
评价要素		配分	等级	评分细则	评定等级					得分
					A	B	C	D	E	
1	工艺卡片：工步内容、切削参数	5	A	工序工步、切削参数合理						
			B	1 个工步、切削参数不合理						
			C	2 个工步、切削参数不合理						
			D	3 个及以上工步、切削参数不合理						
			E	未答题						
2	工艺卡片：其他各项（夹具、材料、NC 程序文件名、使用设备等）	1	A	填写完整、正确						
			B	—						
			C	—						
			D	漏填或填错 1 项及以上						
			E	未答题						

续表

<table>
<tr><td colspan="2">试题名称及编号</td><td colspan="3">1.1.7 轴类零件编程与仿真（七）</td><td colspan="5">考核时间</td><td>90 min</td></tr>
<tr><td colspan="2" rowspan="2">评价要素</td><td rowspan="2">配分</td><td rowspan="2">等级</td><td rowspan="2">评分细则</td><td colspan="5">评定等级</td><td rowspan="2">得分</td></tr>
<tr><td>A</td><td>B</td><td>C</td><td>D</td><td>E</td></tr>
<tr><td rowspan="5">3</td><td rowspan="5">数控刀具卡片</td><td rowspan="5">2</td><td>A</td><td>刀具选择合理，填写完整</td><td rowspan="5"></td><td rowspan="5"></td><td rowspan="5"></td><td rowspan="5"></td><td rowspan="5"></td><td rowspan="5"></td></tr>
<tr><td>B</td><td>—</td></tr>
<tr><td>C</td><td>1 把刀具不合理或漏选</td></tr>
<tr><td>D</td><td>2 把及以上刀具不合理或漏选</td></tr>
<tr><td>E</td><td>未答题</td></tr>
<tr><td rowspan="5">4</td><td rowspan="5">内外圆、槽、螺纹加工程序与实体加工仿真</td><td rowspan="5">16</td><td>A</td><td>正确而且简洁高效</td><td rowspan="5"></td><td rowspan="5"></td><td rowspan="5"></td><td rowspan="5"></td><td rowspan="5"></td><td rowspan="5"></td></tr>
<tr><td>B</td><td>正确但效率不高</td></tr>
<tr><td>C</td><td>—</td></tr>
<tr><td>D</td><td>不正确</td></tr>
<tr><td>E</td><td>未答题</td></tr>
<tr><td rowspan="5">5</td><td rowspan="5">$\phi30_{-0.028}^{-0.007}$</td><td rowspan="5">2</td><td>A</td><td>符合公差要求</td><td rowspan="5"></td><td rowspan="5"></td><td rowspan="5"></td><td rowspan="5"></td><td rowspan="5"></td><td rowspan="5"></td></tr>
<tr><td>B</td><td>—</td></tr>
<tr><td>C</td><td>—</td></tr>
<tr><td>D</td><td>不符合公差要求</td></tr>
<tr><td>E</td><td>未答题</td></tr>
<tr><td rowspan="5">6</td><td rowspan="5">$\phi28_{+0.022}^{+0.055}$</td><td rowspan="5">2</td><td>A</td><td>符合公差要求</td><td rowspan="5"></td><td rowspan="5"></td><td rowspan="5"></td><td rowspan="5"></td><td rowspan="5"></td><td rowspan="5"></td></tr>
<tr><td>B</td><td>—</td></tr>
<tr><td>C</td><td>—</td></tr>
<tr><td>D</td><td>不符合公差要求</td></tr>
<tr><td>E</td><td>未答题</td></tr>
<tr><td rowspan="5">7</td><td rowspan="5">刀尖圆弧半径补偿</td><td rowspan="5">2</td><td>A</td><td>含圆锥、圆弧的外圆加工程序都使用了正确的刀尖圆弧半径补偿</td><td rowspan="5"></td><td rowspan="5"></td><td rowspan="5"></td><td rowspan="5"></td><td rowspan="5"></td><td rowspan="5"></td></tr>
<tr><td>B</td><td>—</td></tr>
<tr><td>C</td><td>—</td></tr>
<tr><td>D</td><td>都没使用正确的刀尖圆弧半径补偿</td></tr>
<tr><td>E</td><td>未答题</td></tr>
<tr><td colspan="2">合计配分</td><td>30</td><td colspan="7">合计得分</td><td></td></tr>
<tr><td>备注</td><td colspan="10">1. 程序“简洁高效”是指能采用正确的循环指令，循环指令参数设定正确，没有明显的空刀现象
2. 程序“效率不高”是指所选编程指令选择不是最合适的，或者参数设定不合理，有明显的空刀现象</td></tr>
</table>

等级	A（优）	B（良）	C（及格）	D（差）	E（未答题）
比值	1.0	0.8	0.6	0.2	0

“评价要素”得分＝配分×等级比值。

七、轴类零件编程与仿真（八）（试题代码：1.1.8；考核时间：90 min）

1. 试题单

（1）操作条件

1）计算机。

2）数控加工仿真软件。

3）零件图样（图号 1.1.8）。

（2）操作内容

1）编制数控加工工艺。

2）手工编制加工程序。

3）数控加工仿真。

（3）操作要求

在指定盘符路径建立一文件夹，文件夹名为考生准考证号，数控加工仿真结果保存至该文件夹。文件名：考生准考证号 _ FZ。

1）填写数控加工工艺卡片和数控刀具卡片。

2）虚拟外圆车刀和车孔刀的刀尖圆弧半径不允许设定为零。

3）螺纹底径按螺纹手册规定编制。

4）螺纹左旋、右旋以虚拟仿真机床为准。

5）每次装夹加工只允许有一个主程序。

6）第一次装夹加工主程序名为 O0001（FANUC）或 P1（PA），第二次装夹加工主程序名为 O0002（FANUC）或 P2（PA）。

注：盘符路径由鉴定站所在鉴定时指定。

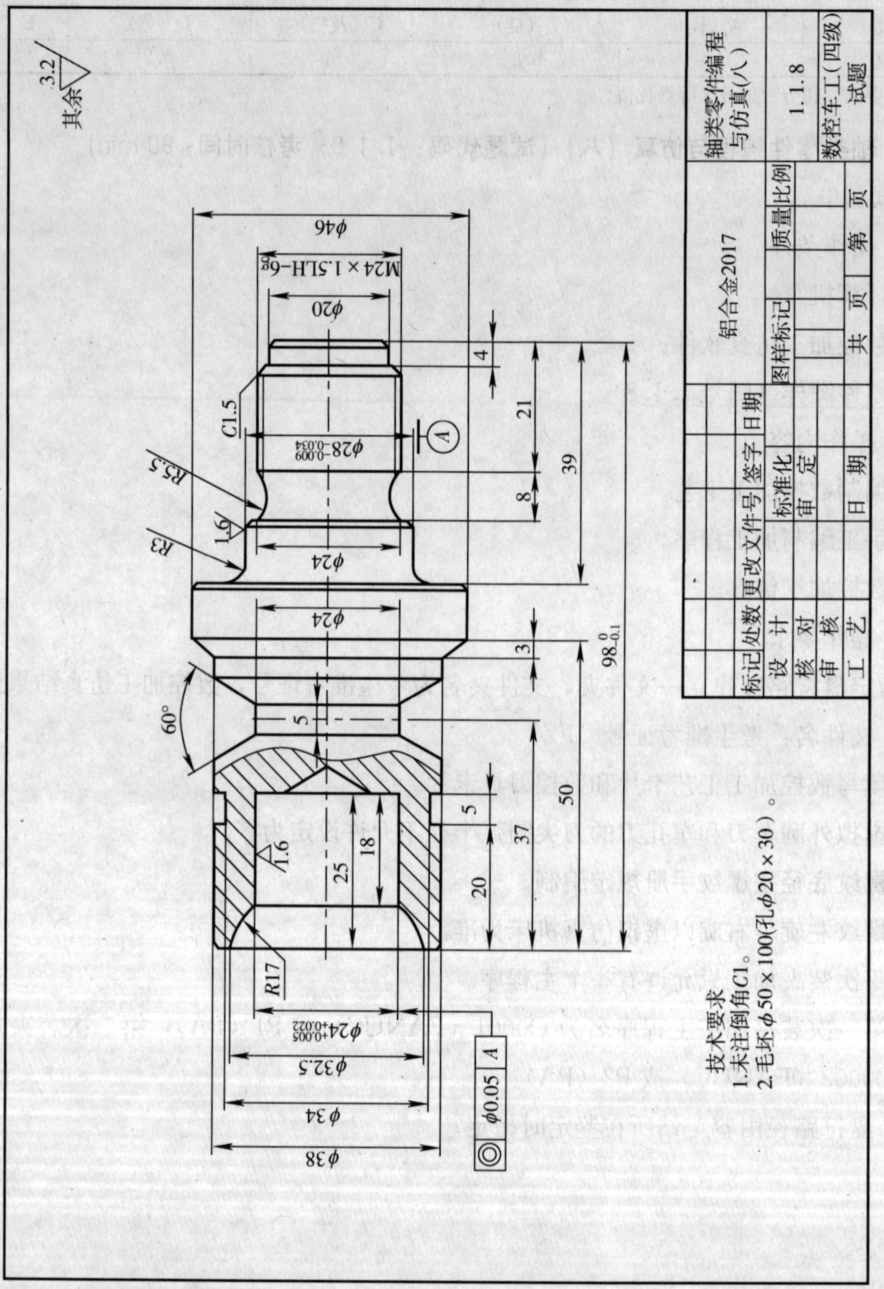
其余 3.2
φ46
M24×1.5LH−6g
φ20
C1.5
φ28−0.009 −0.034
A
R5.5
R3
1.6
φ24
φ24
60°
5
4
21
8
39
3
98 0 −0.1
50
5
37
20
18
25
1.6
R17
φ24+0.022 +0.005
φ32.5
φ34
φ38
◎ φ0.05 A
技术要求
1.未注倒角C1。
2.毛坯φ50×100孔φ20×30）。
铝合金2017
轴类零件编程与仿真(八)
1.1.8
数控车工(四级)试题
标记 处数 更改文件号 签字 日期
设计 标准化
核对 审定
审核
工艺 日期
图样标记 质量 比例
共 页 第 页

2. 答题卷

数控加工工艺卡片

轴类零件编程与仿真单元数控加工工艺卡		零件代号		材料名称		零件数量
						1
设备名称		系统型号	夹具名称		毛坯尺寸	
工序号	工序内容	刀具号	主轴转速 (r/min)	进给量 (mm/r)	背吃刀量 (mm)	备注
编制	审核	批准	年　月　日		共 1 页	第 1 页

数控刀具卡片

序号	刀具号	刀具名称	刀片/刀具规格	刀尖圆弧半径	刀具材料	备注
编制		审核	批准	年　月　日	共1页	第1页

3. 评分表

试题名称及编号		1.1.8　轴类零件编程与仿真（八）			考核时间					90 min
评价要素		配分	等级	评分细则	评定等级					得分
					A	B	C	D	E	
1	工艺卡片：工步内容、切削参数	5	A	工序工步、切削参数合理						
			B	1个工步、切削参数不合理						
			C	2个工步、切削参数不合理						
			D	3个及以上工步、切削参数不合理						
			E	未答题						
2	工艺卡片：其他各项（夹具、材料、NC程序文件名、使用设备等）	1	A	填写完整、正确						
			B	—						
			C	—						
			D	漏填或填错1项及以上						
			E	未答题						

续表

试题名称及编号		1.1.8　轴类零件编程与仿真（八）			考核时间					90 min
评价要素		配分	等级	评分细则	评定等级					得分
					A	B	C	D	E	
3	数控刀具卡片	2	A	刀具选择合理，填写完整						
			B	—						
			C	1 把刀具不合理或漏选						
			D	2 把及以上刀具不合理或漏选						
			E	未答题						
4	内外圆、槽、螺纹加工程序与实体加工仿真	16	A	正确而且简洁高效						
			B	正确但效率不高						
			C	—						
			D	不正确						
			E	未答题						
5	$\phi28_{-0.034}^{-0.009}$	2	A	符合公差要求						
			B	—						
			C	—						
			D	不符合公差要求						
			E	未答题						
6	$\phi24_{+0.022}^{+0.055}$	2	A	符合公差要求						
			B	—						
			C	—						
			D	不符合公差要求						
			E	未答题						
7	刀尖圆弧半径补偿	2	A	左、右外圆及内孔共 3 段加工程序都使用了正确的刀尖圆弧半径补偿						
			B	有 1 段加工程序没使用正确的刀尖圆弧半径补偿						
			C	有 2 段加工程序没使用正确的刀尖圆弧半径补偿						
			D	都没使用正确的刀尖圆弧半径补偿						
			E	未答题						
合计配分		30	合计得分							
备注	1. 程序“简洁高效”是指能采用正确的循环指令，循环指令参数设定正确，没有明显的空刀现象 2. 程序“效率不高”是指所选编程指令不是最合适的，或者参数设定不合理，有明显的空刀现象									

等级	A（优）	B（良）	C（及格）	D（差）	E（未答题）
比值	1.0	0.8	0.6	0.2	0

“评价要素”得分＝配分×等级比值。

八、盘类零件编程与仿真（一）（试题代码：1.2.1；考核时间：90 min）

1. 试题单

（1）操作条件

1）计算机。

2）数控加工仿真软件。

3）零件图样（图号 1.2.1）。

（2）操作内容

1）编制数控加工工艺。

2）手工编制加工程序。

3）数控加工仿真。

（3）操作要求

在指定盘符路径建立一文件夹，文件夹名为考生准考证号，数控加工仿真结果保存至该文件夹。文件名：考生准考证号 _ FZ。

1）填写数控加工工艺卡片和数控刀具卡片。

2）虚拟外圆车刀和车孔刀的刀尖圆弧半径不允许设定为零。

3）螺纹底径按螺纹手册规定编制。

4）螺纹左旋、右旋以虚拟仿真机床为准。

5）每次装夹加工只允许有一个主程序。

6）第一次装夹加工主程序名为 O0001（FANUC）或 P1（PA），第二次装夹加工主程序名为 O0002（FANUC）或 P2（PA）。

注：盘符路径由鉴定站所在鉴定时指定。

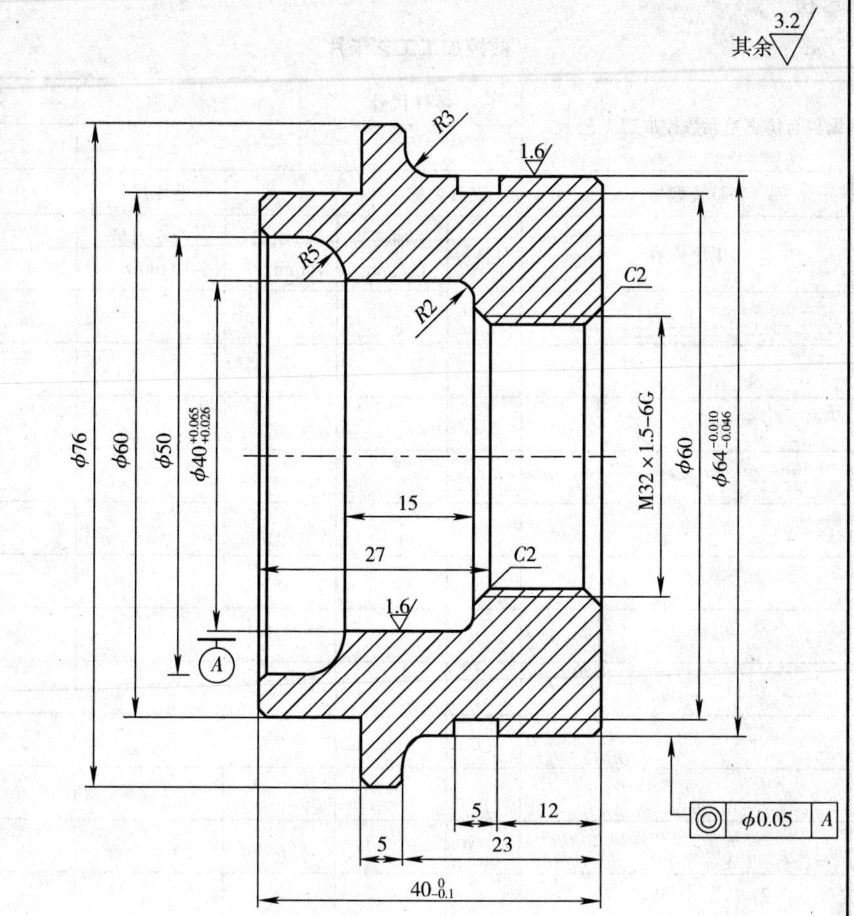

技术要求

1.未注倒角$C1$。

2.毛坯 $\phi 80 \times 42$（孔$\phi 25$）。

					铝合金2017			盘类零件编程与仿真(一)
标记	处数	更改文件号	签字	日期				
设计		标准化			图样标记	质量	比例	1. 2. 1
核对		审定					1 : 1	
审核								数控车工（四级）试题
工艺		日期			共 页	第 页		

2. 答题卷

数控加工工艺卡片

盘类零件编程与仿真单元数控加工工艺卡			零件代号		材料名称	零件数量
						1
设备名称		系统型号	夹具名称		毛坯尺寸	
工序号	工序内容	刀具号	主轴转速（r/min）	进给量（mm/r）	背吃刀量（mm）	备注
编制		审核		批准		年 月 日
				共1页		第1页

数控刀具卡片

序号	刀具号	刀具名称		刀片/刀具规格	刀尖圆弧半径	刀具材料	备注
编制		审核		批准	年　月　日	共1页	第1页

3. 评分表

试题名称及编号		1.2.1　盘类零件编程与仿真（一）			考核时间					90 min
评价要素		配分	等级	评分细则	评定等级					得分
					A	B	C	D	E	
1	工艺卡片：工步内容、切削参数	5	A	工序工步、切削参数合理						
			B	1个工步、切削参数不合理						
			C	2个工步、切削参数不合理						
			D	3个及以上工步、切削参数不合理						
			E	未答题						
2	工艺卡片：其他各项（夹具、材料、NC程序文件名、使用设备等）	1	A	填写完整、正确						
			B	—						
			C	—						
			D	漏填或填错1项及以上						
			E	未答题						

续表

试题名称及编号				1.2.1 盘类零件编程与仿真（一）	考核时间					90 min
评价要素		配分	等级	评分细则	评定等级					得分
					A	B	C	D	E	
3	数控刀具卡片	2	A	刀具选择合理，填写完整						
			B	—						
			C	1把刀具不合理或漏选						
			D	2把及以上刀具不合理或漏选						
			E	未答题						
4	内外圆、槽、螺纹加工程序与实体加工仿真	16	A	正确而且简洁高效						
			B	正确但效率不高						
			C	—						
			D	不正确						
			E	未答题						
5	$\phi64_{-0.046}^{-0.010}$	2	A	符合公差要求						
			B	—						
			C	—						
			D	不符合公差要求						
			E	未答题						
6	$\phi40_{+0.026}^{+0.065}$	2	A	符合公差要求						
			B	—						
			C	—						
			D	不符合公差要求						
			E	未答题						
7	刀尖圆弧半径补偿	2	A	右外圆及内孔共2段加工程序都使用了正确的刀尖圆弧半径补偿						
			B	—						
			C	有1段加工程序没使用正确的刀尖圆弧半径补偿						
			D	都没使用正确的刀尖圆弧半径补偿						
			E	未答题						

续表

试题名称及编号	1.2.1　盘类零件编程与仿真（一）			考核时间					90 min
评价要素	配分	等级	评分细则	评定等级					得分
				A	B	C	D	E	
合计配分	30	合计得分							
备注	1. 程序“简洁高效”是指能采用正确的循环指令，循环指令参数设定正确，没有明显的空刀现象 2. 程序“效率不高”是指所选编程指令不是最合适的，或者参数设定不合理，有明显的空刀现象								

等级	A（优）	B（良）	C（及格）	D（差）	E（未答题）
比值	1.0	0.8	0.6	0.2	0

“评价要素”得分＝配分×等级比值。

九、盘类零件编程与仿真（二）（试题代码：1.2.2；考核时间：90 min）

1. 试题单

（1）操作条件

1）计算机。

2）数控加工仿真软件。

3）零件图样（图号 1.2.2）。

（2）操作内容

1）编制数控加工工艺。

2）手工编制加工程序。

3）数控加工仿真。

（3）操作要求

在指定盘符路径建立一文件夹，文件夹名为考生准考证号，数控加工仿真结果保存至该文件夹。文件名：考生准考证号 _ FZ。

1）填写数控加工工艺卡片和数控刀具卡片。

2）虚拟外圆车刀和车孔刀的刀尖圆弧半径不允许设定为零。

3）螺纹底径按螺纹手册规定编制。

4）螺纹左旋、右旋以虚拟仿真机床为准。

5）每次装夹加工只允许有一个主程序。

6）第一次装夹加工主程序名为 O0001（FANUC）或 P1（PA），第二次装夹加工主程序名为 O0002（FANUC）或 P2（PA）。

注：盘符路径由鉴定站所在鉴定时指定。

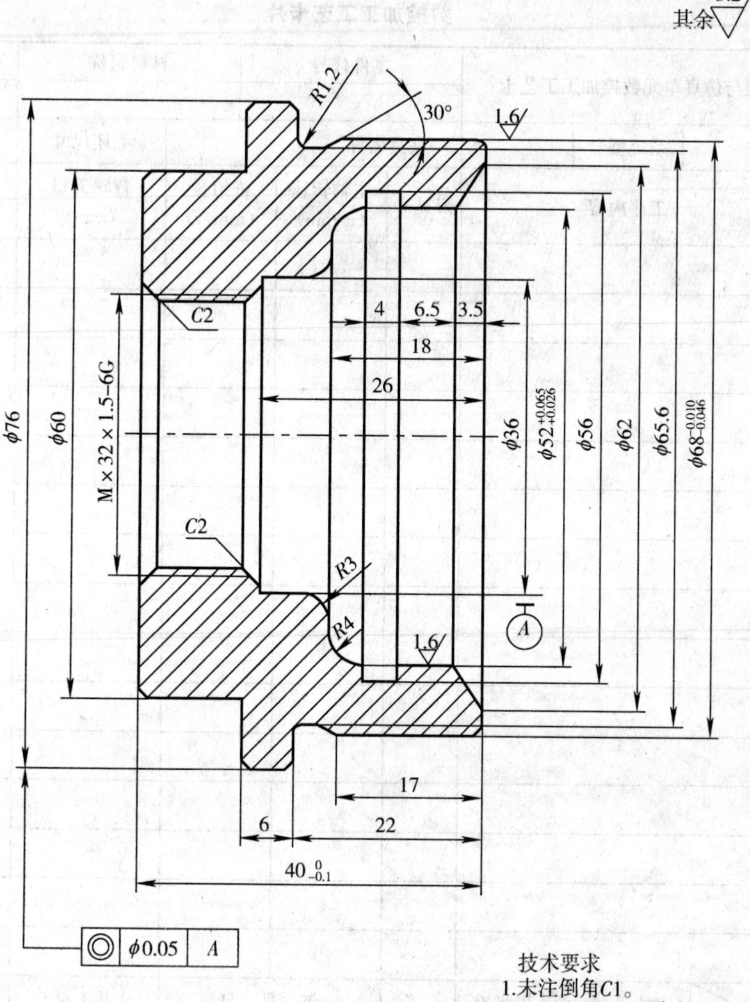

技术要求
1.未注倒角$C1$。
2.毛坯 $\phi80\times42$(孔$\phi25$)。

标记	处数	更改文件号	签字	日期	45钢	盘类零件编程与仿真(二)
设　计		标准化		图样标记	质量	比例
核　对		审　定				1.2.2
审　核					1∶1	数控车工（四级）试题
工　艺		日　期		共　页	第　页	

2. 答题卷

数控加工工艺卡片

盘类零件编程与仿真单元数控加工工艺卡		零件代号		材料名称		零件数量
						1
设备名称		系统型号		夹具名称		毛坯尺寸
工序号	工序内容	刀具号	主轴转速（r/min）	进给量（mm/r）	背吃刀量（mm）	备注
编制	审核	批准		年　月　日	共1页	第1页

数控刀具卡片

序号	刀具号	刀具名称	刀片/刀具规格	刀尖圆弧半径	刀具材料	备注
编制		审核		批准		年　月　日	共 1 页	第 1 页

3. 评分表

试题名称及编号		1.2.2　盘类零件编程与仿真（二）			考核时间					90 min
评价要素		配分	等级	评分细则	评定等级					得分
					A	B	C	D	E	
1	工艺卡片：工步内容、切削参数	5	A	工序工步、切削参数合理						
			B	1 个工步、切削参数不合理						
			C	2 个工步、切削参数不合理						
			D	3 个及以上工步、切削参数不合理						
			E	未答题						
2	工艺卡片：其他各项（夹具、材料、NC 程序文件名、使用设备等）	1	A	填写完整、正确						
			B	—						
			C	—						
			D	漏填或填错 1 项及以上						
			E	未答题						

续表

试题名称及编号		1.2.2　盘类零件编程与仿真（二）		考核时间					90 min
评价要素	配分	等级	评分细则	评定等级					得分
				A	B	C	D	E	
3　数控刀具卡片	2	A	刀具选择合理，填写完整						
		B	—						
		C	1 把刀具不合理或漏选						
		D	2 把及以上刀具不合理或漏选						
		E	未答题						
4　内外圆、槽、螺纹加工程序与实体加工仿真	16	A	正确而且简洁高效						
		B	正确但效率不高						
		C	—						
		D	不正确						
		E	未答题						
5　$\phi68_{-0.046}^{-0.010}$	2	A	符合公差要求						
		B	—						
		C	—						
		D	不符合公差要求						
		E	未答题						
6　$\phi52_{+0.026}^{+0.065}$	2	A	符合公差要求						
		B	—						
		C	—						
		D	不符合公差要求						
		E	未答题						
7　刀尖圆弧半径补偿	2	A	右外圆及内孔共 2 段加工程序都使用了正确的刀尖圆弧半径补偿						
		B	—						
		C	有 1 段加工程序没使用正确的刀尖圆弧半径补偿						
		D	都没使用正确的刀尖圆弧半径补偿						
		E	未答题						
合计配分	30		合计得分						
备注	1. 程序“简洁高效”是指能采用正确的循环指令，循环指令参数设定正确，没有明显的空刀现象 2. 程序“效率不高”是指所选编程指令不是最合适的，或者参数设定不合理，有明显的空刀现象								

等级	A（优）	B（良）	C（及格）	D（差）	E（未答题）
比值	1.0	0.8	0.6	0.2	0

“评价要素”得分=配分×等级比值。

十、盘类零件编程与仿真（三）（试题代码：1.2.3；考核时间：90 min）

1. 试题单

(1) 操作条件

1) 计算机。

2) 数控加工仿真软件。

3) 零件图样（图号 1.2.3）。

(2) 操作内容

1) 编制数控加工工艺。

2) 手工编制加工程序。

3) 数控加工仿真。

(3) 操作要求

在指定盘符路径建立一文件夹，文件夹名为考生准考证号，数控加工仿真结果保存至该文件夹。文件名：考生准考证号 _ FZ。

1) 填写数控加工工艺卡片和数控刀具卡片。

2) 虚拟外圆车刀和车孔刀的刀尖圆弧半径不允许设定为零。

3) 螺纹底径按螺纹手册规定编制。

4) 螺纹左旋、右旋以虚拟仿真机床为准。

5) 每次装夹加工只允许有一个主程序。

6) 第一次装夹加工主程序名为 O0001（FANUC）或 P1（PA），第二次装夹加工主程序名为 O0002（FANUC）或 P2（PA）。

注：盘符路径由鉴定站所在鉴定时指定。

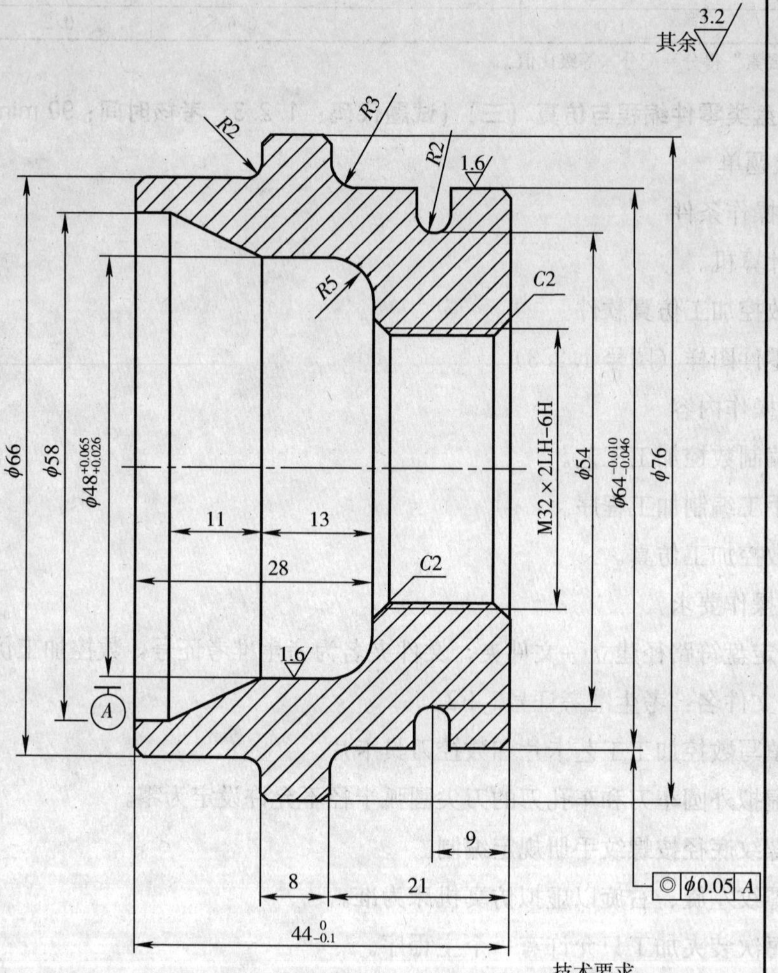

技术要求

1.未注倒角$C1$。

2.毛坯 $\phi80\times46$（孔$\phi25$）。

					45钢				盘类零件编程与仿真（三）
标记	处数	更改文件号	签 字	日 期					
设 计		标准化			图样标记		质量	比例	1.2.3
校 对		审 定							
审 核								1∶1	
工 艺		日 期			共 页		第 页		数控车工（四级）试题

2. 答题卷

数控加工工艺卡片

<table>
<tr><td colspan="4" rowspan="2">盘类零件编程与仿真单元数控加工工艺卡</td><td colspan="2">零件代号</td><td colspan="2">材料名称</td><td>零件数量</td></tr>
<tr><td colspan="2"></td><td colspan="2"></td><td>1</td></tr>
<tr><td>设备名称</td><td></td><td>系统型号</td><td></td><td>夹具名称</td><td colspan="2"></td><td>毛坯尺寸</td><td></td></tr>
<tr><td>工序号</td><td colspan="3">工序内容</td><td>刀具号</td><td>主轴转速
(r/min)</td><td>进给量
(mm/r)</td><td>背吃刀量
(mm)</td><td>备注</td></tr>
<tr><td></td><td colspan="3"></td><td></td><td></td><td></td><td></td><td></td></tr>
<tr><td></td><td colspan="3"></td><td></td><td></td><td></td><td></td><td></td></tr>
<tr><td></td><td colspan="3"></td><td></td><td></td><td></td><td></td><td></td></tr>
<tr><td></td><td colspan="3"></td><td></td><td></td><td></td><td></td><td></td></tr>
<tr><td></td><td colspan="3"></td><td></td><td></td><td></td><td></td><td></td></tr>
<tr><td></td><td colspan="3"></td><td></td><td></td><td></td><td></td><td></td></tr>
<tr><td></td><td colspan="3"></td><td></td><td></td><td></td><td></td><td></td></tr>
<tr><td></td><td colspan="3"></td><td></td><td></td><td></td><td></td><td></td></tr>
<tr><td></td><td colspan="3"></td><td></td><td></td><td></td><td></td><td></td></tr>
<tr><td></td><td colspan="3"></td><td></td><td></td><td></td><td></td><td></td></tr>
<tr><td></td><td colspan="3"></td><td></td><td></td><td></td><td></td><td></td></tr>
<tr><td></td><td colspan="3"></td><td></td><td></td><td></td><td></td><td></td></tr>
<tr><td></td><td colspan="3"></td><td></td><td></td><td></td><td></td><td></td></tr>
<tr><td></td><td colspan="3"></td><td></td><td></td><td></td><td></td><td></td></tr>
<tr><td></td><td colspan="3"></td><td></td><td></td><td></td><td></td><td></td></tr>
<tr><td>编制</td><td></td><td>审核</td><td></td><td>批准</td><td></td><td colspan="2">年　月　日</td><td>共1页　第1页</td></tr>
</table>

数控刀具卡片

序号	刀具号	刀具名称	刀片/刀具规格	刀尖圆弧半径	刀具材料	备注
编制		审核		批准		年　月　日	共1页	第1页

3. 评分表

试题名称及编号		1.2.3　盘类零件编程与仿真（三）			考核时间					90 min
评价要素		配分	等级	评分细则	评定等级					得分
					A	B	C	D	E	
1	工艺卡片：工步内容、切削参数	5	A	工序工步、切削参数合理						
			B	1个工步、切削参数不合理						
			C	2个工步、切削参数不合理						
			D	3个及以上工步、切削参数不合理						
			E	未答题						
2	工艺卡片：其他各项（夹具、材料、NC程序文件名、使用设备等）	1	A	填写完整、正确						
			B	—						
			C	—						
			D	漏填或填错1项及以上						
			E	未答题						

续表

试题名称及编号		1.2.3　盘类零件编程与仿真（三）			考核时间					90 min
评价要素		配分	等级	评分细则	评定等级					得分
					A	B	C	D	E	
3	数控刀具卡片	2	A	刀具选择合理，填写完整						
			B	—						
			C	1 把刀具不合理或漏选						
			D	2 把及以上刀具不合理或漏选						
			E	未答题						
4	内外圆、槽、螺纹加工程序与实体加工仿真	16	A	正确而且简洁高效						
			B	正确但效率不高						
			C	—						
			D	不正确						
			E	未答题						
5	$\phi64_{-0.046}^{-0.010}$	2	A	符合公差要求						
			B	—						
			C	—						
			D	不符合公差要求						
			E	未答题						
6	$\phi48_{+0.026}^{+0.065}$	2	A	符合公差要求						
			B	—						
			C	—						
			D	不符合公差要求						
			E	未答题						
7	刀尖圆弧半径补偿	2	A	左、右外圆及内孔共 3 段加工程序都使用了正确的刀尖圆弧半径补偿						
			B	有 1 段加工程序没使用正确的刀尖圆弧半径补偿						
			C	有 2 段加工程序没使用正确的刀尖圆弧半径补偿						
			D	都没使用正确的刀尖圆弧半径补偿						
			E	未答题						
合计配分		30		合计得分						
备注	1. 程序“简洁高效”是指能采用正确的循环指令，循环指令参数设定正确，没有明显的空刀现象 2. 程序“效率不高”是指所选编程指令不是最合适的，或者参数设定不合理，有明显的空刀现象									

等级	A（优）	B（良）	C（及格）	D（差）	E（未答题）
比值	1.0	0.8	0.6	0.2	0

“评价要素”得分＝配分×等级比值。

十一、盘类零件编程与仿真（四）（试题代码：1.2.4；考核时间：90 min）

1. 试题单

（1）操作条件

1）计算机。

2）数控加工仿真软件。

3）零件图样（图号 1.2.4）。

（2）操作内容

1）编制数控加工工艺。

2）手工编制加工程序。

3）数控加工仿真。

（3）操作要求

在指定盘符路径建立一文件夹，文件夹名为考生准考证号，数控加工仿真结果保存至该文件夹。文件名：考生准考证号 _ FZ。

1）填写数控加工工艺卡片和数控刀具卡片。

2）虚拟外圆车刀和车孔刀的刀尖圆弧半径不允许设定为零。

3）螺纹底径按螺纹手册规定编制。

4）螺纹左旋、右旋以虚拟仿真机床为准。

5）每次装夹加工只允许有一个主程序。

6）第一次装夹加工主程序名为 O0001（FANUC）或 P1（PA），第二次装夹加工主程序名为 O0002（FANUC）或 P2（PA）。

注：盘符路径由鉴定站所在鉴定时指定。

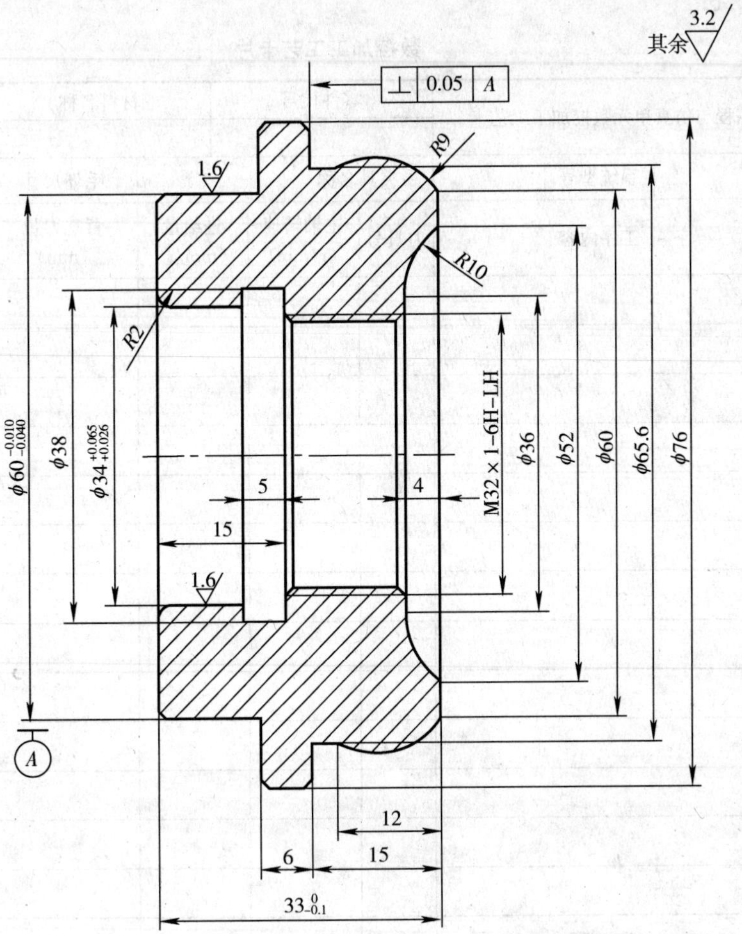

技术要求

1.未注倒角C1。

2.毛坯 φ80×35（孔φ25）。

					45钢				盘类零件编程与仿真(四)
标记	处数	更改文件号	签 字	日 期					
设 计		标准化			图样标记		质量	比例	1.2.4
校 对		审 定						1：1	
审 核									
工 艺		日 期			共	页	第	页	数控车工（四级）试题

2. 答题卷

数控加工工艺卡片

盘类零件编程与仿真单元数控加工工艺卡		零件代号		材料名称		零件数量
						1
设备名称		系统型号		夹具名称		毛坯尺寸
工序号	工序内容	刀具号	主轴转速（r/min）	进给量（mm/r）	背吃刀量（mm）	备注
编制	审核	批准		年 月 日	共1页	第1页

数控刀具卡片

序号	刀具号	刀具名称	刀片/刀具规格	刀尖圆弧半径	刀具材料	备注
编制		审核		批准		年　月　日	共 1 页	第 1 页

3. 评分表

试题名称及编号		1.2.4　盘类零件编程与仿真（四）			考核时间					90 min
评价要素		配分	等级	评分细则	评定等级					得分
					A	B	C	D	E	
1	工艺卡片：工步内容、切削参数	5	A	工序工步、切削参数合理						
			B	1 个工步、切削参数不合理						
			C	2 个工步、切削参数不合理						
			D	3 个及以上工步、切削参数不合理						
			E	未答题						
2	工艺卡片：其他各项（夹具、材料、NC 程序文件名、使用设备等）	1	A	填写完整、正确						
			B	—						
			C	—						
			D	漏填或填错 1 项及以上						
			E	未答题						

续表

<table>
<tr><td colspan="2">试题名称及编号</td><td colspan="3">1.2.4　盘类零件编程与仿真（四）</td><td colspan="5">考核时间</td><td>90 min</td></tr>
<tr><td colspan="2" rowspan="2">评价要素</td><td rowspan="2">配分</td><td rowspan="2">等级</td><td rowspan="2">评分细则</td><td colspan="5">评定等级</td><td rowspan="2">得分</td></tr>
<tr><td>A</td><td>B</td><td>C</td><td>D</td><td>E</td></tr>
<tr><td rowspan="5">3</td><td rowspan="5">数控刀具卡片</td><td rowspan="5">2</td><td>A</td><td>刀具选择合理，填写完整</td><td rowspan="5"></td><td rowspan="5"></td><td rowspan="5"></td><td rowspan="5"></td><td rowspan="5"></td><td rowspan="5"></td></tr>
<tr><td>B</td><td>—</td></tr>
<tr><td>C</td><td>1 把刀具不合理或漏选</td></tr>
<tr><td>D</td><td>2 把及以上刀具不合理或漏选</td></tr>
<tr><td>E</td><td>未答题</td></tr>
<tr><td rowspan="5">4</td><td rowspan="5">内外圆、槽、螺纹加工程序与实体加工仿真</td><td rowspan="5">16</td><td>A</td><td>正确而且简洁高效</td><td rowspan="5"></td><td rowspan="5"></td><td rowspan="5"></td><td rowspan="5"></td><td rowspan="5"></td><td rowspan="5"></td></tr>
<tr><td>B</td><td>正确但效率不高</td></tr>
<tr><td>C</td><td>—</td></tr>
<tr><td>D</td><td>不正确</td></tr>
<tr><td>E</td><td>未答题</td></tr>
<tr><td rowspan="5">5</td><td rowspan="5">$\phi60_{-0.040}^{-0.010}$</td><td rowspan="5">2</td><td>A</td><td>符合公差要求</td><td rowspan="5"></td><td rowspan="5"></td><td rowspan="5"></td><td rowspan="5"></td><td rowspan="5"></td><td rowspan="5"></td></tr>
<tr><td>B</td><td>—</td></tr>
<tr><td>C</td><td>—</td></tr>
<tr><td>D</td><td>不符合公差要求</td></tr>
<tr><td>E</td><td>未答题</td></tr>
<tr><td rowspan="5">6</td><td rowspan="5">$\phi34_{+0.026}^{+0.065}$</td><td rowspan="5">2</td><td>A</td><td>符合公差要求</td><td rowspan="5"></td><td rowspan="5"></td><td rowspan="5"></td><td rowspan="5"></td><td rowspan="5"></td><td rowspan="5"></td></tr>
<tr><td>B</td><td>—</td></tr>
<tr><td>C</td><td>—</td></tr>
<tr><td>D</td><td>不符合公差要求</td></tr>
<tr><td>E</td><td>未答题</td></tr>
<tr><td rowspan="5">7</td><td rowspan="5">刀尖圆弧半径补偿</td><td rowspan="5">2</td><td>A</td><td>左、右外圆及内孔共 3 段加工程序都使用了正确的刀尖圆弧半径补偿</td><td rowspan="5"></td><td rowspan="5"></td><td rowspan="5"></td><td rowspan="5"></td><td rowspan="5"></td><td rowspan="5"></td></tr>
<tr><td>B</td><td>有 1 段加工程序没使用正确的刀尖圆弧半径补偿</td></tr>
<tr><td>C</td><td>有 2 段加工程序没使用正确的刀尖圆弧半径补偿</td></tr>
<tr><td>D</td><td>都没使用正确的刀尖圆弧半径补偿</td></tr>
<tr><td>E</td><td>未答题</td></tr>
<tr><td colspan="2">合计配分</td><td>30</td><td colspan="7">合计得分</td><td></td></tr>
<tr><td>备注</td><td colspan="10">1. 程序“简洁高效”是指能采用正确的循环指令，循环指令参数设定正确，没有明显的空刀现象
2. 程序“效率不高”是指所选编程指令不是最合适的，或者参数设定不合理，有明显的空刀现象</td></tr>
</table>

等级	A（优）	B（良）	C（及格）	D（差）	E（未答题）
比值	1.0	0.8	0.6	0.2	0

“评价要素”得分＝配分×等级比值。

十二、盘类零件编程与仿真（五）（试题代码：1.2.5；考核时间：90 min）

1. 试题单

（1）操作条件

1）计算机。

2）数控加工仿真软件。

3）零件图样（图号 1.2.5）。

（2）操作内容

1）编制数控加工工艺。

2）手工编制加工程序。

3）数控加工仿真。

（3）操作要求

在指定盘符路径建立一文件夹，文件夹名为考生准考证号，数控加工仿真结果保存至该文件夹。文件名：考生准考证号 _ FZ。

1）填写数控加工工艺卡片和数控刀具卡片。

2）虚拟外圆车刀和车孔刀的刀尖圆弧半径不允许设定为零。

3）螺纹底径按螺纹手册规定编制。

4）螺纹左旋、右旋以虚拟仿真机床为准。

5）每次装夹加工只允许有一个主程序。

6）第一次装夹加工主程序名为 O0001（FANUC）或 P1（PA），第二次装夹加工主程序名为 O0002（FANUC）或 P2（PA）。

注：盘符路径由鉴定站所在鉴定时指定。

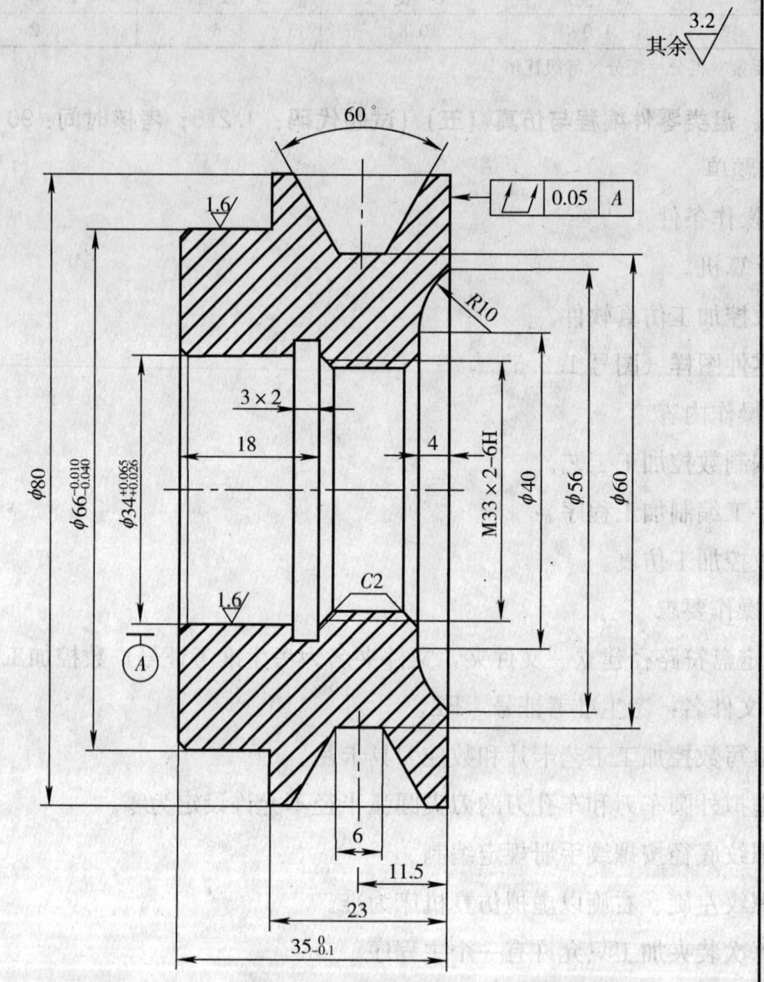

技术要求

1.未注倒角C1。

2.毛坯 φ80×37（孔φ25）。

					铝合金2017				盘类零件编程与仿真(五)
标记	处数	更改文件号	签字	日期					
设计		标准化			图样标记		质量	比例	1.2.5
校对		审定						1：1	
审核									
工艺		日期			共　页		第　页		数控车工（四级）试题

2. 答题卷

数控加工工艺卡片

盘类零件编程与仿真单元数控加工工艺卡		零件代号		材料名称		零件数量
						1
设备名称	系统型号	夹具名称			毛坯尺寸	
工序号	工序内容	刀具号	主轴转速（r/min）	进给量（mm/r）	背吃刀量（mm）	备注
编制	审核	批准		年　月　日	共 1 页	第 1 页

数控刀具卡片

序号	刀具号	刀具名称	刀片/刀具规格	刀尖圆弧半径	刀具材料	备注

编制		审核		批准		年　月　日	共1页	第1页

3. 评分表

试题名称及编号		1.2.5　盘类零件编程与仿真（五）			考核时间					90 min
评价要素		配分	等级	评分细则	评定等级					得分
					A	B	C	D	E	
1	工艺卡片：工步内容、切削参数	5	A	工序工步、切削参数合理						
			B	1个工步、切削参数不合理						
			C	2个工步、切削参数不合理						
			D	3个及以上工步、切削参数不合理						
			E	未答题						
2	工艺卡片：其他各项（夹具、材料、NC程序文件名、使用设备等）	1	A	填写完整、正确						
			B	—						
			C	—						
			D	漏填或填错1项及以上						
			E	未答题						

续表

试题名称及编号		1.2.5　盘类零件编程与仿真（五）			考核时间					90 min
评价要素		配分	等级	评分细则	评定等级					得分
					A	B	C	D	E	
3	数控刀具卡片	2	A	刀具选择合理，填写完整						
			B	—						
			C	1 把刀具不合理或漏选						
			D	2 把及以上刀具不合理或漏选						
			E	未答题						
4	内外圆、槽、螺纹加工程序与实体加工仿真	16	A	正确而且简洁高效						
			B	正确但效率不高						
			C	—						
			D	不正确						
			E	未答题						
5	$\phi 66^{-0.010}_{-0.040}$	2	A	符合公差要求						
			B	—						
			C	—						
			D	不符合公差要求						
			E	未答题						
6	$\phi 34^{+0.065}_{+0.026}$	2	A	符合公差要求						
			B	—						
			C	—						
			D	不符合公差要求						
			E	未答题						
7	刀尖圆弧半径补偿	2	A	含圆弧的内孔加工程序使用了正确的刀尖圆弧半径补偿						
			B	—						
			C	—						
			D	都没使用正确的刀尖圆弧半径补偿						
			E	未答题						
合计配分		30	合计得分							
备注	1. 程序“简洁高效”是指能采用正确的循环指令，循环指令参数设定正确，没有明显的空刀现象 2. 程序“效率不高”是指所选编程指令不是最合适的，或者参数设定不合理，有明显的空刀现象									

等级	A（优）	B（良）	C（及格）	D（差）	E（未答题）
比值	1.0	0.8	0.6	0.2	0

“评价要素”得分＝配分×等级比值。

十三、盘类零件编程与仿真（六）（试题代码：1.2.6；考核时间：90 min）

1. 试题单

（1）操作条件

1）计算机。

2）数控加工仿真软件。

3）零件图样（图号 1.2.6）。

（2）操作内容

1）编制数控加工工艺。

2）手工编制加工程序。

3）数控加工仿真。

（3）操作要求

在指定盘符路径建立一文件夹，文件夹名为考生准考证号，数控加工仿真结果保存至该文件夹。文件名：考生准考证号 _ FZ。

1）填写数控加工工艺卡片和数控刀具卡片。

2）虚拟外圆车刀和车孔刀的刀尖圆弧半径不允许设定为零。

3）螺纹底径按螺纹手册规定编制。

4）螺纹左旋、右旋以虚拟仿真机床为准。

5）每次装夹加工只允许有一个主程序。

6）第一次装夹加工主程序名为 O0001（FANUC）或 P1（PA），第二次装夹加工主程序名为 O0002（FANUC）或 P2（PA）。

注：盘符路径由鉴定站所在鉴定时指定。

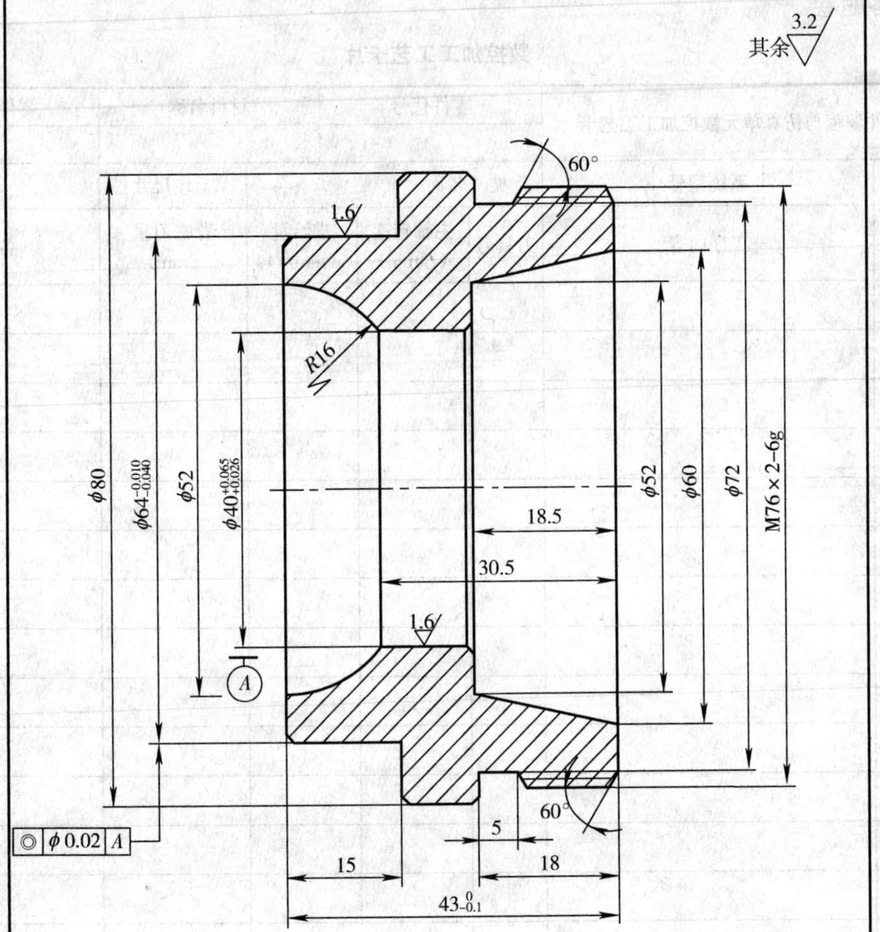

技术要求

1.未注倒角C1。

2.毛坯 φ85 × 45（孔 φ35）。

					铝合金2017	盘类零件编程与仿真(六)
标记	处数	更改文件号	签 字	日 期		
设 计		标准化			图样标记　质量　比例	1.2.6
校 对		审 定			1 : 1	
审 核						
工 艺		日 期			共　页　第　页	数控车工（四级）试题

2. 答题卷

数控加工工艺卡片

<table>
<tr><td colspan="4" rowspan="2">盘类零件编程与仿真单元数控加工工艺卡</td><td colspan="2">零件代号</td><td colspan="2">材料名称</td><td>零件数量</td></tr>
<tr><td colspan="2"></td><td colspan="2"></td><td>1</td></tr>
<tr><td>设备名称</td><td></td><td>系统型号</td><td></td><td colspan="2">夹具名称</td><td></td><td>毛坯尺寸</td><td></td></tr>
<tr><td>工序号</td><td colspan="3">工序内容</td><td>刀具号</td><td>主轴转速
（r/min）</td><td>进给量
（mm/r）</td><td>背吃刀量
（mm）</td><td>备注</td></tr>
<tr><td></td><td colspan="3"></td><td></td><td></td><td></td><td></td><td></td></tr>
<tr><td></td><td colspan="3"></td><td></td><td></td><td></td><td></td><td></td></tr>
<tr><td></td><td colspan="3"></td><td></td><td></td><td></td><td></td><td></td></tr>
<tr><td></td><td colspan="3"></td><td></td><td></td><td></td><td></td><td></td></tr>
<tr><td></td><td colspan="3"></td><td></td><td></td><td></td><td></td><td></td></tr>
<tr><td></td><td colspan="3"></td><td></td><td></td><td></td><td></td><td></td></tr>
<tr><td></td><td colspan="3"></td><td></td><td></td><td></td><td></td><td></td></tr>
<tr><td></td><td colspan="3"></td><td></td><td></td><td></td><td></td><td></td></tr>
<tr><td></td><td colspan="3"></td><td></td><td></td><td></td><td></td><td></td></tr>
<tr><td></td><td colspan="3"></td><td></td><td></td><td></td><td></td><td></td></tr>
<tr><td></td><td colspan="3"></td><td></td><td></td><td></td><td></td><td></td></tr>
<tr><td></td><td colspan="3"></td><td></td><td></td><td></td><td></td><td></td></tr>
<tr><td></td><td colspan="3"></td><td></td><td></td><td></td><td></td><td></td></tr>
<tr><td></td><td colspan="3"></td><td></td><td></td><td></td><td></td><td></td></tr>
<tr><td></td><td colspan="3"></td><td></td><td></td><td></td><td></td><td></td></tr>
<tr><td>编制</td><td>/</td><td>审核</td><td>/</td><td>批准</td><td>/</td><td>年　月　日</td><td>共1页</td><td>第1页</td></tr>
</table>

数控刀具卡片

序号	刀具号	刀具名称	刀片/刀具规格	刀尖圆弧半径	刀具材料	备注

编制		审核		批准		年　月　日	共 1 页	第 1 页

3. 评分表

试题名称及编号		1.2.6　盘类零件编程与仿真（六）			考核时间					90 min
评价要素		配分	等级	评分细则	评定等级					得分
					A	B	C	D	E	
1	工艺卡片：工步内容、切削参数	5	A	工序工步、切削参数合理						
			B	1 个工步、切削参数不合理						
			C	2 个工步、切削参数不合理						
			D	3 个及以上工步、切削参数不合理						
			E	未答题						
2	工艺卡片：其他各项（夹具、材料、NC 程序文件名、使用设备等）	1	A	填写完整、正确						
			B	—						
			C	—						
			D	漏填或填错 1 项及以上						
			E	未答题						

续表

试题名称及编号		1.2.6　盘类零件编程与仿真（六）			考核时间					90 min
评价要素		配分	等级	评分细则	评定等级					得分
					A	B	C	D	E	
3	数控刀具卡片	2	A	刀具选择合理，填写完整						
			B	—						
			C	1把刀具不合理或漏选						
			D	2把及以上刀具不合理或漏选						
			E	未答题						
4	内外圆、槽、螺纹加工程序与实体加工仿真	16	A	正确而且简洁高效						
			B	正确但效率不高						
			C	—						
			D	不正确						
			E	未答题						
5	$\phi64_{-0.040}^{-0.010}$	2	A	符合公差要求						
			B	—						
			C	—						
			D	不符合公差要求						
			E	未答题						
6	$\phi40_{+0.026}^{+0.065}$	2	A	符合公差要求						
			B	—						
			C	—						
			D	不符合公差要求						
			E	未答题						
7	刀尖圆弧半径补偿	2	A	左、右内孔共2段加工程序都使用了正确的刀尖圆弧半径补偿						
			B	—						
			C	有1段加工程序没使用正确的刀尖圆弧半径补偿						
			D	都没使用正确的刀尖圆弧半径补偿						
			E	未答题						
合计配分		30		合计得分						
备注	1. 程序“简洁高效”是指能采用正确的循环指令，循环指令参数设定正确，没有明显的空刀现象 2. 程序“效率不高”是指所选编程指令不是最合适的，或者参数设定不合理，有明显的空刀现象									

等级	A（优）	B（良）	C（及格）	D（差）	E（未答题）
比值	1.0	0.8	0.6	0.2	0

“评价要素”得分＝配分×等级比值。

十四、盘类零件编程与仿真（七）（试题代码：1.2.7；考核时间：90 min）

1. 试题单

（1）操作条件

1）计算机。

2）数控加工仿真软件。

3）零件图样（图号 1.2.7）。

（2）操作内容

1）编制数控加工工艺。

2）手工编制加工程序。

3）数控加工仿真。

（3）操作要求

在指定盘符路径建立一文件夹，文件夹名为考生准考证号，数控加工仿真结果保存至该文件夹。文件名：考生准考证号 _ FZ。

1）填写数控加工工艺卡片和数控刀具卡片。

2）虚拟外圆车刀和车孔刀的刀尖圆弧半径不允许设定为零。

3）螺纹底径按螺纹手册规定编制。

4）螺纹左旋、右旋以虚拟仿真机床为准。

5）每次装夹加工只允许有一个主程序。

6）第一次装夹加工主程序名为 O0001（FANUC）或 P1（PA），第二次装夹加工主程序名为 O0002（FANUC）或 P2（PA）。

注：盘符路径由鉴定站所在鉴定时指定。

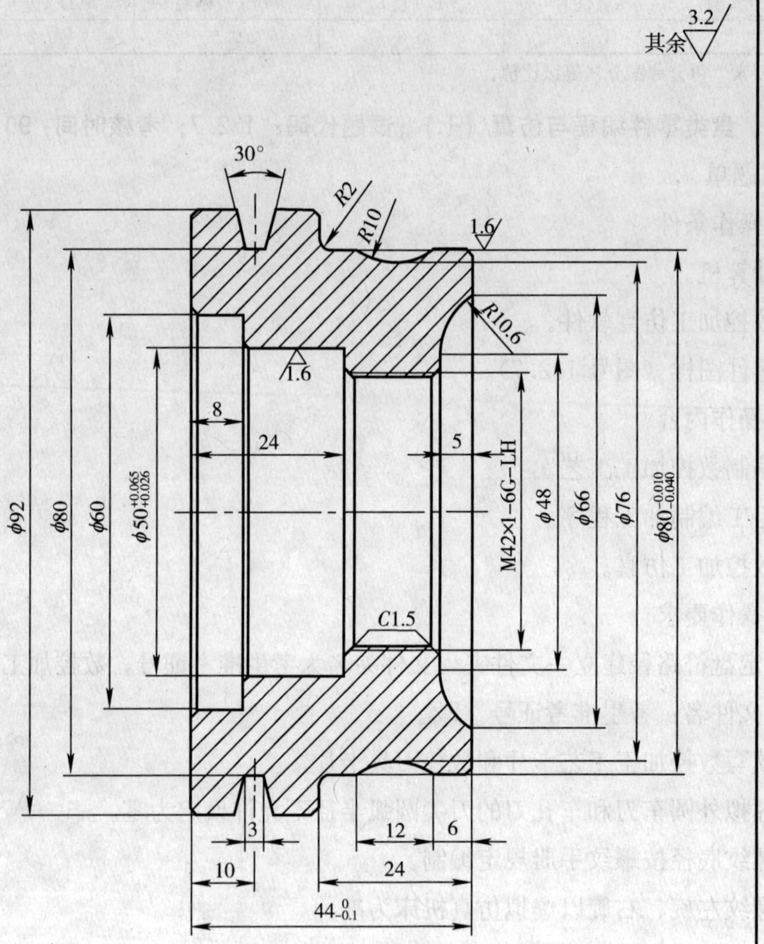

技术要求

1.未注倒角$C1$。

2.毛坯$\phi95\times\phi35\times46$。

					铝合金2017				盘类零件编程与仿真(七)
标记	处数	更改文件号	签字	日期					
设计		标准化			图样标记		质量	比例	1.2.7
校对		审定						1∶1	
审核									
工艺		日期			共 页		第 页		数控车工（四级）试题

2. 答题卷

数控加工工艺卡片

盘类零件编程与仿真单元数控加工工艺卡		零件代号		材料名称		零件数量
						1
设备名称		系统型号		夹具名称		毛坯尺寸
工序号	工序内容	刀具号	主轴转速（r/min）	进给量（mm/r）	背吃刀量（mm）	备注
编制		审核		批准		年　月　日	共 1 页	第 1 页

数控刀具卡片

序号	刀具号	刀具名称	刀片/刀具规格	刀尖圆弧半径	刀具材料	备注
编制		审核	批准	年　月　日	共1页	第1页

3. 评分表

试题名称及编号		1.2.7　盘类零件编程与仿真（七）			考核时间					90 min
评价要素		配分	等级	评分细则	评定等级					得分
					A	B	C	D	E	
1	工艺卡片：工步内容、切削参数	5	A	工序工步、切削参数合理						
			B	1个工步、切削参数不合理						
			C	2个工步、切削参数不合理						
			D	3个及以上工步、切削参数不合理						
			E	未答题						
2	工艺卡片：其他各项（夹具、材料、NC程序文件名、使用设备等）	1	A	填写完整、正确						
			B	—						
			C	—						
			D	漏填或填错1项及以上						
			E	未答题						

续表

试题名称及编号		1.2.7　盘类零件编程与仿真（七）			考核时间					90 min
评价要素		配分	等级	评分细则	评定等级					得分
					A	B	C	D	E	
3	数控刀具卡片	2	A	刀具选择合理，填写完整						
			B	—						
			C	1 把刀具不合理或漏选						
			D	2 把及以上刀具不合理或漏选						
			E	未答题						
4	内外圆、槽、螺纹加工程序与实体加工仿真	16	A	正确而且简洁高效						
			B	正确但效率不高						
			C	—						
			D	不正确						
			E	未答题						
5	$\phi80^{-0.010}_{-0.040}$	2	A	符合公差要求						
			B	—						
			C	—						
			D	不符合公差要求						
			E	未答题						
6	$\phi50^{+0.065}_{+0.026}$	2	A	符合公差要求						
			B	—						
			C	—						
			D	不符合公差要求						
			E	未答题						
7	刀尖圆弧半径补偿	2	A	右外圆及右内孔共 2 段加工程序都使用了正确的刀尖圆弧半径补偿						
			B	—						
			C	有 1 段加工程序没使用正确的刀尖圆弧半径补偿						
			D	都没使用正确的刀尖圆弧半径补偿						
			E	未答题						
合计配分		30	合计得分							
备注	1. 程序“简洁高效”是指能采用正确的循环指令，循环指令参数设定正确，没有明显的空刀现象 2. 程序“效率不高”是指所选编程指令不是最合适的，或者参数设定不合理，有明显的空刀现象									

等级	A（优）	B（良）	C（及格）	D（差）	E（未答题）
比值	1.0	0.8	0.6	0.2	0

“评价要素”得分＝配分×等级比值。

十五、盘类零件编程与仿真（八）（试题代码：1.2.8；考核时间：90 min）

1. 试题单

（1）操作条件

1）计算机。

2）数控加工仿真软件。

3）零件图样（图号 1.2.8）。

（2）操作内容

1）编制数控加工工艺。

2）手工编制加工程序。

3）数控加工仿真。

（3）操作要求

在指定盘符路径建立一文件夹，文件夹名为考生准考证号，数控加工仿真结果保存至该文件夹。文件名：考生准考证号 _ FZ。

1）填写数控加工工艺卡片和数控刀具卡片。

2）虚拟外圆车刀和车孔刀的刀尖圆弧半径不允许设定为零。

3）螺纹底径按螺纹手册规定编制。

4）螺纹左旋、右旋以虚拟仿真机床为准。

5）每次装夹加工只允许有一个主程序。

6）第一次装夹加工主程序名为 O0001（FANUC）或 P1（PA），第二次装夹加工主程序名为 O0002（FANUC）或 P2（PA）。

注：盘符路径由鉴定站所在鉴定时指定。

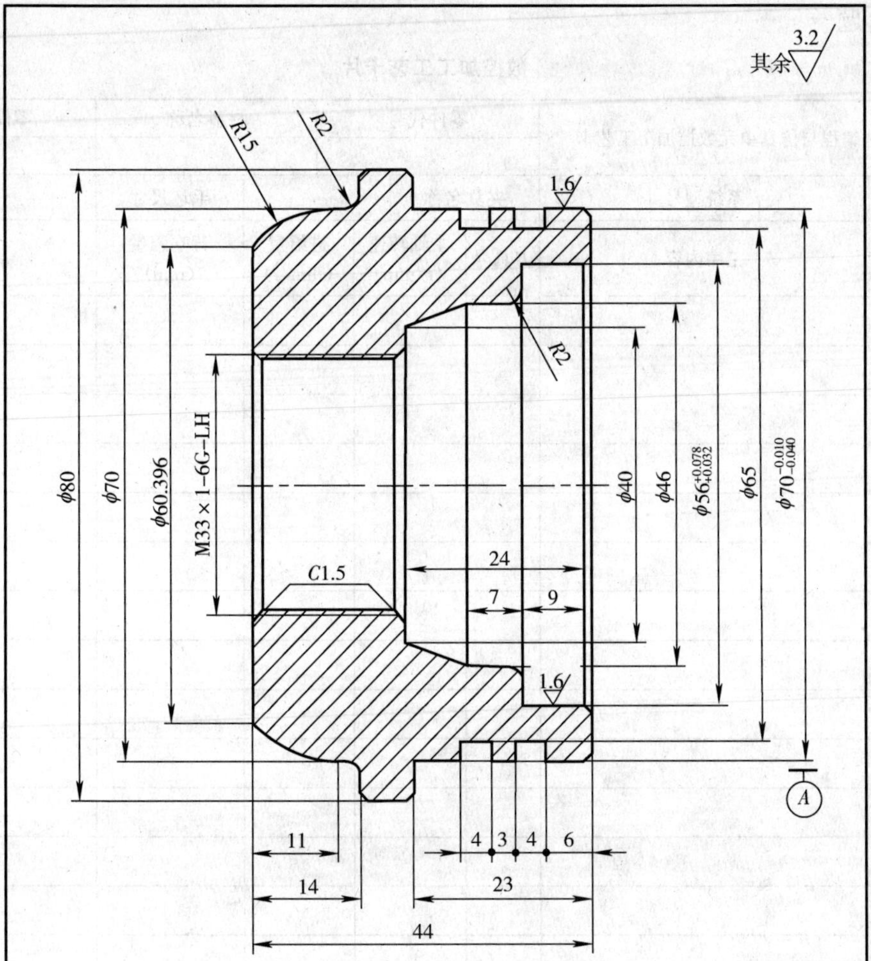

技术要求
1.未注倒角$C1$。
2.毛坯$\phi85\times46$（孔$\phi25$）。

					铝合金2017		盘类零件编程与仿真(八)
标记	处数	更改文件号	签字	日期			
设计		标准化			图样标记	质量　比例	1.2.8
校对		审定				1 : 1	
审核							
工艺		日期			共　页	第　页	数控车工（四级）试题

2. 答题卷

数控加工工艺卡片

盘类零件编程与仿真单元数控加工工艺卡		零件代号		材料名称		零件数量
						1
设备名称		系统型号		夹具名称		毛坯尺寸
工序号	工序内容	刀具号	主轴转速 (r/min)	进给量 (mm/r)	背吃刀量 (mm)	备注
编制	审核	批准		年 月 日	共1页	第1页

数控刀具卡片

序号	刀具号	刀具名称	刀片/刀具规格	刀尖圆弧半径	刀具材料	备注
编制		审核		批准		年　月　日	共 1 页	第 1 页

3. 评分表

试题名称及编号		1.2.8　盘类零件编程与仿真（八）			考核时间					90 min
评价要素		配分	等级	评分细则	评定等级					得分
					A	B	C	D	E	
1	工艺卡片：工步内容、切削参数	5	A	工序工步、切削参数合理						
			B	1 个工步、切削参数不合理						
			C	2 个工步、切削参数不合理						
			D	3 个及以上工步、切削参数不合理						
			E	未答题						
2	工艺卡片：其他各项（夹具、材料、NC 程序文件名、使用设备等）	1	A	填写完整、正确						
			B	—						
			C	—						
			D	漏填或填错 1 项及以上						
			E	未答题						

续表

试题名称及编号			1.2.8 盘类零件编程与仿真（八）	考核时间					90 min
评价要素		配分	等级	评分细则	评定等级				得分
					A	B	C	D	E	
3	数控刀具卡片	2	A	刀具选择合理，填写完整						
			B	—						
			C	1把刀具不合理或漏选						
			D	2把及以上刀具不合理或漏选						
			E	未答题						
4	内外圆、槽、螺纹加工程序与实体加工仿真	16	A	正确而且简洁高效						
			B	正确但效率不高						
			C	—						
			D	不正确						
			E	未答题						
5	$\phi70_{-0.040}^{-0.010}$	2	A	符合公差要求						
			B	—						
			C	—						
			D	不符合公差要求						
			E	未答题						
6	$\phi56_{+0.032}^{+0.078}$	2	A	符合公差要求						
			B	—						
			C	—						
			D	不符合公差要求						
			E	未答题						
7	刀尖圆弧半径补偿	2	A	左外圆及右内孔共2段加工程序都使用了正确的刀尖圆弧半径补偿						
			B	—						
			C	有1段加工程序没使用正确的刀尖圆弧半径补偿						
			D	都没使用正确的刀尖圆弧半径补偿						
			E	未答题						
合计配分		30	合计得分							
备注	1. 程序“简洁高效”是指能采用正确的循环指令，循环指令参数设定正确，没有明显的空刀现象 2. 程序“效率不高”是指所选编程指令不是最合适的，或者参数设定不合理，有明显的空刀现象									

等级	A（优）	B（良）	C（及格）	D（差）	E（未答题）
比值	1.0	0.8	0.6	0.2	0

“评价要素”得分＝配分×等级比值。

数控车床操作与零件加工

一、轴类零件加工（二）（试题代码：2.1.2；考核时间：150 min）

1. 试题单

（1）操作条件

1）数控车床（FANUC或PA）。

2）外圆车刀、车孔刀、外径千分尺、内径千分尺、游标卡尺等工量具。

3）零件图样（图号2.1.2）。

4）提供的数控程序[①]已在机床中。

（2）操作内容

1）根据零件图样（图号2.1.2）和加工程序完成零件加工。

2）零件尺寸自检。

3）文明生产和机床清洁。

（3）操作要求

1）根据零件图样（图号2.1.2）和数控程序说明单安排加工顺序。

2）根据数控程序说明单安装刀具、建立工件坐标系、输入刀具参数。

3）程序中的切削参数没有实际指导意义，学员要能阅读程序并根据实际加工要求调整切削参数。

4）按零件图样（图号2.1.2）完成零件加工。

5）操作过程中发生撞刀等严重生产事故者，鉴定立即终止。

① 本书操作技能题操作条件中提供的数控程序请到 http：//www. class. com. cn/datas/6/096085 下载。

FANUC 系统程序说明单

程序号	刀具名称	刀尖圆弧半径	刀具、刀补号	工件坐标系位置	主要加工内容
O2121	93°外圆车刀	$R0.8$	T0101	工件右端面中心	$R20$、$R42$、$\phi36_{-0.053}^{-0.020}$、$\phi36_{+0.009}^{+0.048}$外圆等
O2122	93°外圆车刀	$R0.8$	T0101	工件左端面中心	$\phi38$、$\phi46_{-0.2}^{-0.1}$外圆
O2123	$\phi16$ 车孔刀	$R0.4$	T0202	工件左端面中心	$\phi25_{0}^{+0.033}$内孔
备注	1. 本程序说明单顺序与实际加工顺序无关 2. 天山路 1800 号鉴定点 FANUC 0i 系统数控车床的外圆车刀装在上刀架，车孔刀装在下刀架，全部刀面向上。注意主轴旋转方向和 X 坐标正负				

PA 系统程序说明单

程序号	刀具名称	刀尖圆弧半径	刀补号	坐标偏置	工件坐标系位置	主要加工内容
P2121	93°外圆车刀	$R0.8$	D01	G54	工件右端面中心	$R20$、$R42$、$\phi36_{-0.053}^{-0.020}$、$\phi36_{+0.009}^{+0.048}$外圆等
P2122	93°外圆车刀	$R0.8$	D01	G54	工件左端面中心	$\phi38$、$\phi46_{-0.2}^{-0.1}$外圆
P2123	$\phi16$ 车孔刀	$R0.4$		G55	工件左端面中心	$\phi25_{0}^{+0.033}$内孔
备注	1. 本程序说明单顺序与实际加工顺序无关 2. 天山路 1800 号鉴定点 PA 系统数控车床的外圆车刀、车孔刀的刀位点为刀尖圆弧中心					

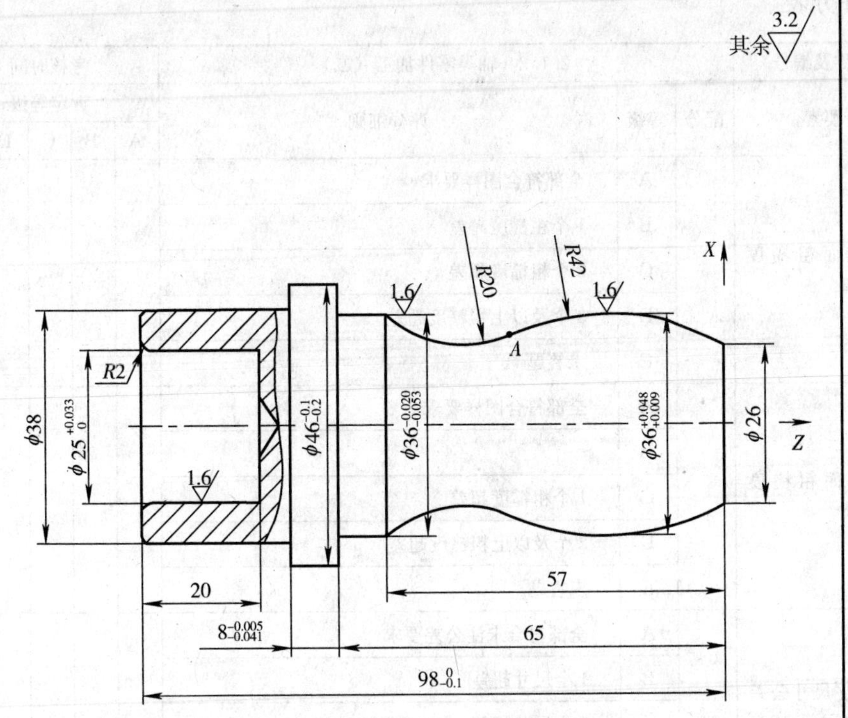

A:X29.418,Z−36.173

技术要求
未注倒角C1。

					45钢				轴类零件加工（二）
标记	处数	更改文件号	签字	日期					
设计		标准化			图样标记		质量	比例	2.1.2
校对		审定						1：1	
审核									
工艺		日期			共　页		第　页		数控车工（四级）试题

2. 评分表

试题名称及编号		2.1.2　轴类零件加工（二）			考核时间					150 min
评价要素		配分	等级	评分细则	评定等级					得分
					A	B	C	D	E	
1	表面粗糙度 $R_a 3.2$	5	A	全部符合图样要求						
			B	1个粗糙度超差						
			C	2个粗糙度超差						
			D	3个及以上粗糙度超差						
			E	未答题						
2	表面粗糙度 $R_a 1.6$	5	A	全部符合图样要求						
			B	—						
			C	1个粗糙度超差						
			D	2个及以上粗糙度超差						
			E	未答题						
3	未注尺寸公差按照 GB/T 1804—M	10	A	全部符合未注公差要求						
			B	1个尺寸超差						
			C	2个尺寸超差						
			D	3个及以上尺寸超差						
			E	未答题						
4	$\phi 36^{+0.048}_{+0.009}$	10	A	符合公差要求						
			B	超差≤0.015						
			C	0.015<超差≤0.03						
			D	超差>0.03						
			E	未答题						
5	$\phi 36^{-0.020}_{-0.053}$	10	A	符合公差要求						
			B	超差≤0.015						
			C	0.015<超差≤0.03						
			D	超差>0.03						
			E	未答题						

续表

试题名称及编号				2.1.2　轴类零件加工（二）	考核时间					150 min
评价要素		配分	等级	评分细则	评定等级					得分
					A	B	C	D	E	
6	$\phi 46_{-0.2}^{-0.1}$	2	A	符合公差要求						
			B	超差≤0.015						
			C	0.015<超差≤0.03						
			D	超差>0.03						
			E	未答题						
7	$\phi 25_{0}^{+0.033}$	10	A	符合公差要求						
			B	超差≤0.015						
			C	0.015<超差≤0.03						
			D	超差>0.03						
			E	未答题						
8	$8_{-0.041}^{-0.005}$	10	A	符合公差要求						
			B	超差≤0.015						
			C	0.015<超差≤0.03						
			D	超差>0.03						
			E	未答题						
9	$98_{-0.1}^{0}$	4	A	符合公差要求						
			B	超差≤0.015						
			C	0.015<超差≤0.03						
			D	超差>0.03						
			E	未答题						
10	安全生产与文明操作	4	A	操作文明安全，工完场清						
			B	操作较文明，场地整理清洁						
			C	操作不规范，清洁不到位						
			D	操作野蛮，没整理清洁						
			E	未答题						
合计配分		70		合计得分						

以下情况为否决项（出现以下情况本部分不予评分，按 0 分计）：

（1）任一项尺寸超差 0.5 mm 以上（≤2 mm 的倒角和倒圆除外），不予评分。

（2）零件加工不完整（≤2 mm 的倒角和倒圆除外），不予评分。

（3）零件有严重的碰伤、过切，不予评分。

（4）操作过程中发生撞刀等严重生产事故者，立刻终止其鉴定。

（5）同类刀片只允许使用一片。

等级	A（优）	B（良）	C（及格）	D（差）	E（未答题）
比值	1.0	0.8	0.6	0.2	0

“评价要素”得分＝配分×等级比值。

二、轴类零件加工（三）（试题代码：2.1.3；考核时间：150 min）

1. 试题单

（1）操作条件

1）数控车床（FANUC 或 PA）。

2）外圆车刀、车孔刀、外径千分尺、内径千分尺、游标卡尺等工量具。

3）零件图样（图号 2.1.3）。

4）提供的数控程序已在机床中。

（2）操作内容

1）根据零件图样（图号 2.1.3）和加工程序完成零件加工。

2）零件尺寸自检。

3）文明生产和机床清洁。

（3）操作要求

1）根据零件图样（图号 2.1.3）和数控程序说明单安排加工顺序。

2）根据数控程序说明单安装刀具、建立工件坐标系、输入刀具参数。

3）程序中的切削参数没有实际指导意义，学员要能阅读程序并根据实际加工要求调整切削参数。

4）按零件图样（图号 2.1.3）完成零件加工。

5）操作过程中发生撞刀等严重生产事故者，鉴定立即终止。

FANUC 系统程序说明单

程序号	刀具名称	刀尖圆弧半径	刀具、刀补号	工件坐标系位置	主要加工内容
O2131	93°外圆车刀	$R0.8$	T0101	工件右端面中心	$\phi20$、$\phi46_{-0.2}^{-0.1}$外圆等
O2132	93°外圆车刀	$R0.8$	T0101	工件左端面中心	$R45$、$R10$、$\phi38_{-0.048}^{-0.009}$外圆
O2133	$\phi16$ 车孔刀	$R0.4$	T0202	工件左端面中心	$\phi26_{0}^{+0.033}$内孔
备注	1. 本程序说明单顺序与实际加工顺序无关 2. 天山路 1800 号鉴定点 FANUC 0i 系统数控车床的外圆车刀装在上刀架，车孔刀装在下刀架，全部刀面向上。注意主轴旋转方向和 X 坐标正负				

PA 系统程序说明单

程序号	刀具名称	刀尖圆弧半径	刀补号	坐标偏置	工件坐标系位置	主要加工内容
P2131	93°外圆车刀	$R0.8$	D01	G54	工件右端面中心	$\phi20$、$\phi46_{-0.2}^{-0.1}$外圆等
P2132	93°外圆车刀	$R0.8$	D01	G54	工件左端面中心	$R45$、$R10$、$\phi38_{-0.048}^{-0.009}$外圆
P2133	$\phi16$ 车孔刀	$R0.4$		G55	工件左端面中心	$\phi26_{0}^{+0.033}$内孔
备注	1. 本程序说明单顺序与实际加工顺序无关 2. 天山路 1800 号鉴定点 PA 系统数控车床的外圆车刀、车孔刀的刀位点为刀尖圆弧中心					

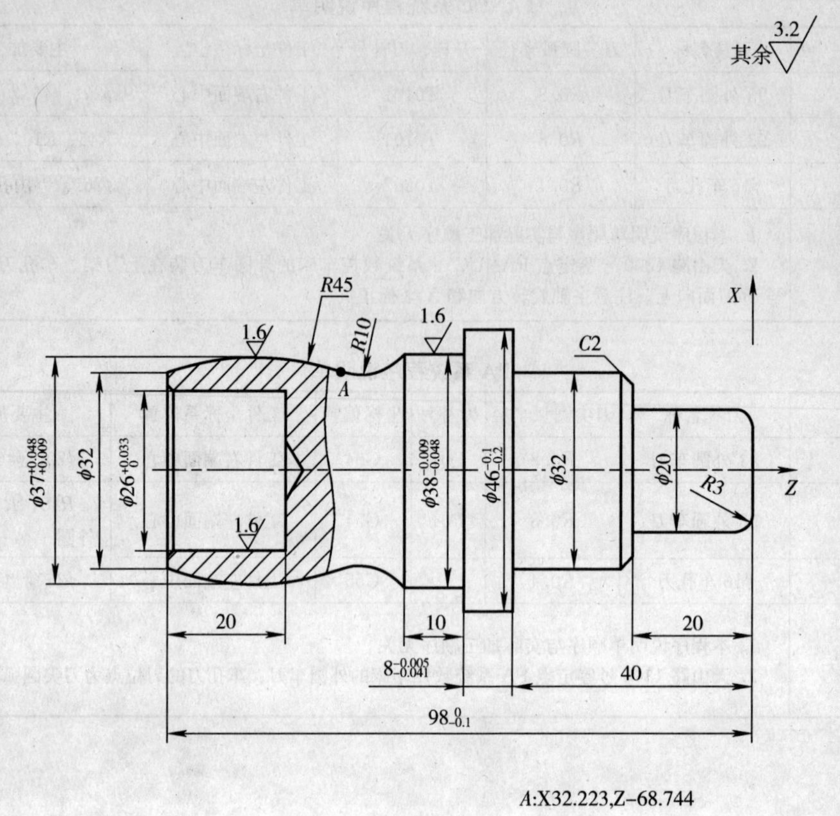

技术要求
未注倒角C1。

					45钢	轴类零件加工（三）
标记	处数	更改文件号	签 字	日 期		
设 计		标准化			图样标记 质量 比例	2.1.3
校 对		审 定			1∶1	
审 核						
工 艺		日 期			共 页 第 页	数控车工（四级）试题

2. 评分表

试题名称及编号		2.1.3　轴类零件加工（三）			考核时间					150 min
评价要素		配分	等级	评分细则	评定等级					得分
					A	B	C	D	E	
1	表面粗糙度 $R_a3.2$	5	A	全部符合图样要求						
			B	1 个粗糙度超差						
			C	2 个粗糙度超差						
			D	3 个及以上粗糙度超差						
			E	未答题						
2	表面粗糙度 $R_a1.6$	5	A	全部符合图样要求						
			B	—						
			C	1 个粗糙度超差						
			D	2 个及以上粗糙度超差						
			E	未答题						
3	未注尺寸公差按照 GB/T 1804—M	10	A	全部符合未注公差要求						
			B	1 个尺寸超差						
			C	2 个尺寸超差						
			D	3 个及以上尺寸超差						
			E	未答题						
4	$\phi37^{+0.048}_{+0.009}$	10	A	符合公差要求						
			B	超差≤0.015						
			C	0.015<超差≤0.03						
			D	超差>0.03						
			E	未答题						
5	$\phi38^{-0.009}_{-0.048}$	10	A	符合公差要求						
			B	超差≤0.015						
			C	0.015<超差≤0.03						
			D	超差>0.03						
			E	未答题						
6	$\phi46^{-0.1}_{-0.2}$	2	A	符合公差要求						
			B	超差≤0.015						
			C	0.015<超差≤0.03						
			D	超差>0.03						
			E	未答题						

续表

试题名称及编号				2.1.3　盘类零件加工（三）	考核时间					150 min
评价要素		配分	等级	评分细则	评定等级					得分
					A	B	C	D	E	
7	$\phi 26^{+0.033}_{0}$	10	A	符合公差要求						
			B	超差≤0.015						
			C	0.015＜超差≤0.03						
			D	超差＞0.03						
			E	未答题						
8	$8^{-0.005}_{-0.041}$	10	A	符合公差要求						
			B	超差≤0.015						
			C	0.015＜超差≤0.03						
			D	超差＞0.03						
			E	未答题						
9	$98^{0}_{-0.1}$	4	A	符合公差要求						
			B	超差≤0.015						
			C	0.015＜超差≤0.03						
			D	超差＞0.03						
			E	未答题						
10	安全生产与文明操作	4	A	操作文明安全，工完场清						
			B	操作较文明，场地整理清洁						
			C	操作不规范，清洁不到位						
			D	操作野蛮，没整理清洁						
			E	未答题						
合计配分		70		合计得分						

以下情况为否决项（出现以下情况本部分不予评分，按 0 分计）：

（1）任一项尺寸超差 0.5 mm 以上（≤2 mm 的倒角和倒圆除外），不予评分。

（2）零件加工不完整（≤2 mm 的倒角和倒圆除外），不予评分。

（3）零件有严重的碰伤、过切，不予评分。

（4）操作过程中发生撞刀等严重生产事故者，立刻终止其鉴定。

（5）同类刀片只允许使用一片。

等级	A（优）	B（良）	C（及格）	D（差）	E（未答题）
比值	1.0	0.8	0.6	0.2	0

“评价要素”得分＝配分×等级比值。

三、轴类零件加工（四）（试题代码：2.1.4；考核时间：150 min）

1. 试题单

（1）操作条件

1）数控车床（FANUC 或 PA）。

2）外圆车刀、车孔刀、外径千分尺、内径千分尺、游标卡尺等工量具。

3）零件图样（图号 2.1.4）。

4）提供的数控程序已在机床中。

（2）操作内容

1）根据零件图样（图号 2.1.4）和加工程序完成零件加工。

2）零件尺寸自检。

3）文明生产和机床清洁。

（3）操作要求

1）根据零件图样（图号 2.1.4）和数控程序说明单安排加工顺序。

2）根据数控程序说明单安装刀具、建立工件坐标系、输入刀具参数。

3）程序中的切削参数没有实际指导意义，学员要能阅读程序并根据实际加工要求调整切削参数。

4）按零件图样（图号 2.1.4）完成零件加工。

5）操作过程中发生撞刀等严重生产事故者，鉴定立即终止。

FANUC 系统程序说明单

程序号	刀具名称	刀尖圆弧半径	刀具、刀补号	工件坐标系位置	主要加工内容
O2141	93°外圆车刀	$R0.8$	T0101	工件右端面中心	$\phi24_{-0.053}^{-0.020}$、$R18$ 外圆等
O2142	93°外圆车刀	$R0.8$	T0101	工件左端面中心	$\phi36$、$\phi46_{-0.2}^{-0.1}$外圆
O2143	$\phi16$ 车孔刀	$R0.4$	T0202	工件左端面中心	$\phi28_{0}^{+0.033}$、$\phi24$内孔
备注	1. 本程序说明单顺序与实际加工顺序无关 2. 天山路 1800 号鉴定点 FANUC 0i 系统数控车床的外圆车刀装在上刀架，车孔刀装在下刀架，全部刀面向上。注意主轴旋转方向和 X 坐标正负				

PA 系统程序说明单

程序号	刀具名称	刀尖圆弧半径	刀补号	坐标偏置	工件坐标系位置	主要加工内容
P2141	93°外圆车刀	$R0.8$	D01	G54	工件右端面中心	$\phi24_{-0.053}^{-0.020}$、$R18$ 外圆等
P2142	93°外圆车刀	$R0.8$	D01	G54	工件左端面中心	$\phi36$、$\phi46_{-0.2}^{-0.1}$外圆
P2143	$\phi16$ 车孔刀	$R0.4$		G55	工件左端面中心	$\phi28_{0}^{+0.033}$、$\phi24$ 内孔
备注	1. 本程序说明单顺序与实际加工顺序无关 2. 天山路 1800 号鉴定点 PA 系统数控车床的外圆车刀、车孔刀的刀位点为刀尖圆弧中心					

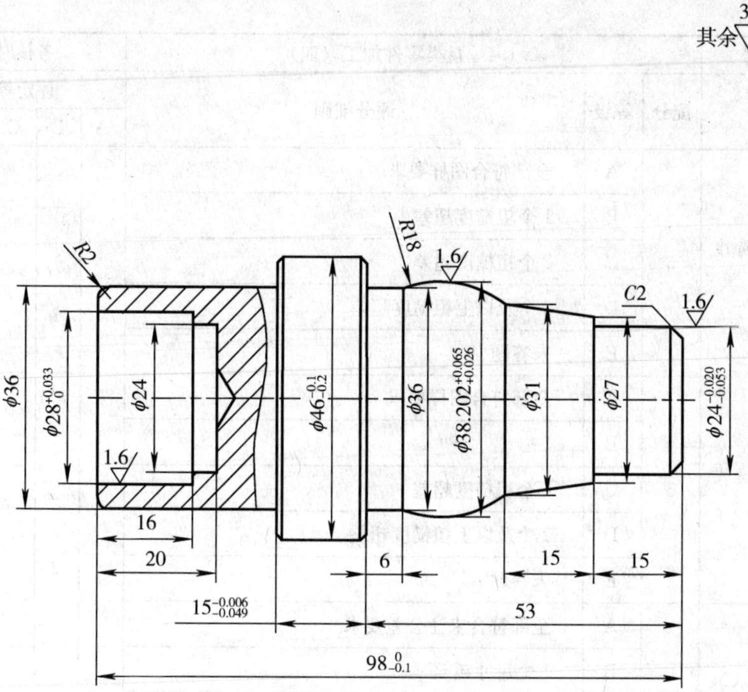

技术要求
未注倒角C1。

					45钢				轴类零件加工（四）
标记	处数	更改文件号	签　字	日　期					
设　计		标准化			图样标记		质量	比例	2.1.4
校　对		审　定						1:1	
审　核									数控车工（四级）试题
工　艺		日　期			共　页		第　页		

2. 评分表

试题名称及编号		2.1.4 盘类零件加工（四）			考核时间					150 min
评价要素		配分	等级	评分细则	评定等级					得分
					A	B	C	D	E	
1	表面粗糙度 $R_a3.2$	5	A	全部符合图样要求						
			B	1个粗糙度超差						
			C	2个粗糙度超差						
			D	3个及以上粗糙度超差						
			E	未答题						
2	表面粗糙度 $R_a1.6$	5	A	全部符合图样要求						
			B	—						
			C	1个粗糙度超差						
			D	2个及以上粗糙度超差						
			E	未答题						
3	未注尺寸公差按照GB/T 1804—M	10	A	全部符合未注公差要求						
			B	1个尺寸超差						
			C	2个尺寸超差						
			D	3个及以上尺寸超差						
			E	未答题						
4	$\phi38.202^{+0.065}_{+0.026}$	10	A	符合公差要求						
			B	超差≤0.015						
			C	0.015<超差≤0.03						
			D	超差>0.03						
			E	未答题						
5	$\phi24^{-0.020}_{-0.053}$	10	A	符合公差要求						
			B	超差≤0.015						
			C	0.015<超差≤0.03						
			D	超差>0.03						
			E	未答题						

续表

试题名称及编号		2.1.4　轴类零件加工（四）			考核时间					150 min
评价要素		配分	等级	评分细则	评定等级					得分
					A	B	C	D	E	
6	$\phi 46_{-0.2}^{-0.1}$	2	A	符合公差要求						
			B	超差≤0.015						
			C	0.015<超差≤0.03						
			D	超差>0.03						
			E	未答题						
7	$\phi 28_{0}^{+0.033}$	10	A	符合公差要求						
			B	超差≤0.015						
			C	0.015<超差≤0.03						
			D	超差>0.03						
			E	未答题						
8	$15_{-0.049}^{-0.006}$	10	A	符合公差要求						
			B	超差≤0.015						
			C	0.015<超差≤0.03						
			D	超差>0.03						
			E	未答题						
9	$98_{-0.1}^{0}$	4	A	符合公差要求						
			B	超差≤0.015						
			C	0.015<超差≤0.03						
			D	超差>0.03						
			E	未答题						
10	安全生产与文明操作	4	A	操作文明安全，工完场清						
			B	操作较文明，场地整理清洁						
			C	操作不规范，清洁不到位						
			D	操作野蛮，没整理清洁						
			E	未答题						
合计配分		70	合计得分							

以下情况为否决项（出现以下情况本部分不予评分，按0分计）：

（1）任一项尺寸超差0.5 mm以上（≤2 mm的倒角和倒圆除外），不予评分。

（2）零件加工不完整（≤2 mm的倒角和倒圆除外），不予评分。

（3）零件有严重的碰伤、过切，不予评分。

（4）操作过程中发生撞刀等严重生产事故者，立刻终止其鉴定。

（5）同类刀片只允许使用一片。

等级	A（优）	B（良）	C（及格）	D（差）	E（未答题）
比值	1.0	0.8	0.6	0.2	0

“评价要素”得分＝配分×等级比值。

四、轴类零件加工（五）（试题代码：2.1.5；考核时间：150 min）

1. 试题单

（1）操作条件

1）数控车床（FANUC或PA）。

2）外圆车刀、外螺纹车刀、外径千分尺、内径千分尺、游标卡尺等工量具。

3）零件图样（图号2.1.5）。

4）提供的数控程序已在机床中。

（2）操作内容

1）根据零件图样（图号2.1.5）和加工程序完成零件加工。

2）零件尺寸自检。

3）文明生产和机床清洁。

（3）操作要求

1）根据零件图样（图号2.1.5）和数控程序说明单安排加工顺序。

2）根据数控程序说明单安装刀具、建立工件坐标系、输入刀具参数。

3）程序中的切削参数没有实际指导意义，学员要能阅读程序并根据实际加工要求调整切削参数。

4）按零件图样（图号2.1.5）完成零件加工。

5）操作过程中发生撞刀等严重生产事故者，鉴定立即终止。

FANUC 系统程序说明单

程序号	刀具名称	刀尖圆弧半径	刀具、刀补号	工件坐标系位置	主要加工内容
O2151	93°外圆车刀	$R0.8$	T0101	工件右端面中心	$\phi20$、$\phi37$ 外圆等
O2152	93°外圆车刀	$R0.8$	T0101	工件左端面中心	$\phi32$、$\phi46_{-0.2}^{-0.1}$外圆
O2153	外螺纹车刀		T0202	工件左端面中心	螺纹
备注	1. 本程序说明单顺序与实际加工顺序无关 2. 天山路1800号鉴定点 FANUC 0i 系统数控车床的外圆车刀装在上刀架，外螺纹车刀装在下刀架，全部刀面向上。注意主轴旋转方向和 X 坐标正负				

PA 系统程序说明单

程序号	刀具名称	刀尖圆弧半径	刀补号	坐标偏置	工件坐标系位置	主要加工内容
P2151	93°外圆车刀	$R0.8$	D01	G54	工件右端面中心	$\phi20$、$\phi37$ 外圆等
P2152	93°外圆车刀	$R0.8$	D01	G54	工件左端面中心	$\phi32$、$\phi46_{-0.2}^{-0.1}$外圆
P2153	外螺纹车刀			G55	工件左端面中心	螺纹
备注	1. 本程序说明单顺序与实际加工顺序无关 2. 天山路1800号鉴定点 PA 系统数控车床的外圆车刀、外螺纹车刀的刀位点为刀尖圆弧中心					

其余 3.2

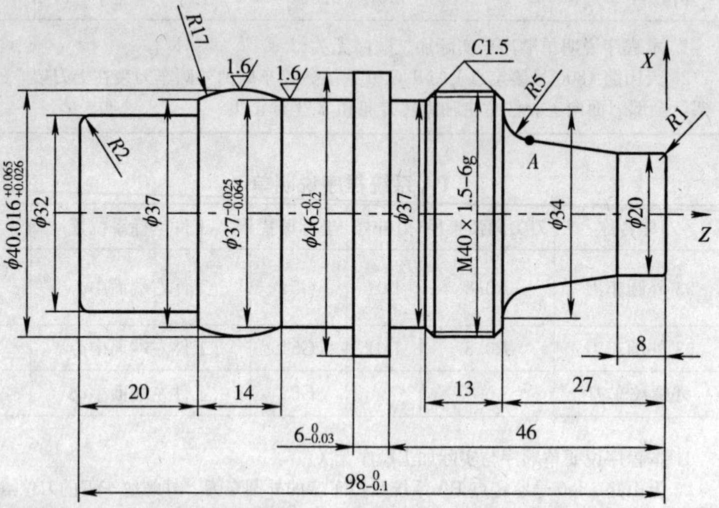

A:X24.096,Z-22.69

					45钢				轴类零件加工（五）
标记	处数	更改文件号	签　字	日　期					
设　计			标准化		图样标记		质　量	比　例	2.1.5
校　对			审　定					1∶1	
审　核									
工　艺			日　期		共　　页	第　　页			数控车工（四级）试题

2. 评分表

试题名称及编号		2.1.5　轴类零件加工（五）			考核时间					150 min
评价要素		配分	等级	评分细则	评定等级					得分
					A	B	C	D	E	
1	表面粗糙度 $R_a3.2$	5	A	全部符合图样要求						
			B	1 个粗糙度超差						
			C	2 个粗糙度超差						
			D	3 个及以上粗糙度超差						
			E	未答题						
2	表面粗糙度 $R_a1.6$	5	A	全部符合图样要求						
			B	—						
			C	1 个粗糙度超差						
			D	2 个及以上粗糙度超差						
			E	未答题						
3	未注尺寸公差按照 GB/T 1804—M	10	A	全部符合未注公差要求						
			B	1 个尺寸超差						
			C	2 个尺寸超差						
			D	3 个及以上尺寸超差						
			E	未答题						
4	$\phi40.016^{+0.065}_{+0.026}$	10	A	符合公差要求						
			B	超差≤0.015						
			C	0.015<超差≤0.03						
			D	超差>0.03						
			E	未答题						
5	$\phi37^{-0.025}_{-0.064}$	10	A	符合公差要求						
			B	超差≤0.15						
			C	0.015<超差≤0.03						
			D	超差>0.03						
			E	未答题						

续表

试题名称及编号		2.1.5 轴类零件加工（五）			考核时间					150 min
评价要素		配分	等级	评分细则	评定等级					得分
					A	B	C	D	E	
6	$\phi 46_{-0.2}^{-0.1}$	2	A	符合公差要求						
			B	超差≤0.015						
			C	0.015<超差≤0.03						
			D	超差>0.03						
			E	未答题						
7	M40×1.5—6g	10	A	符合公差要求						
			B	—						
			C	—						
			D	超差						
			E	未答题						
8	$6_{-0.03}^{0}$	10	A	符合公差要求						
			B	超差≤0.015						
			C	0.015<超差≤0.03						
			D	超差>0.03						
			E	未答题						
9	$98_{-0.1}^{0}$	4	A	符合公差要求						
			B	超差≤0.015						
			C	0.015<超差≤0.03						
			D	超差>0.03						
			E	未答题						
10	安全生产与文明操作	4	A	操作文明安全，工完场清						
			B	操作较文明，场地整理清洁						
			C	操作不规范，清洁不到位						
			D	操作野蛮，没整理清洁						
			E	未答题						
合计配分		70	合计得分							

以下情况为否决项（出现以下情况本部分不予评分，按0分计）：

(1) 任一项尺寸超差0.5 mm以上（≤2 mm的倒角和倒圆除外），不予评分。

(2) 零件加工不完整（≤2 mm的倒角和倒圆除外），不予评分。

(3) 零件有严重的碰伤、过切，不予评分。

(4) 操作过程中发生撞刀等严重生产事故者，立刻终止其鉴定。

(5) 同类刀片只允许使用一片。

等级	A（优）	B（良）	C（及格）	D（差）	E（未答题）
比值	1.0	0.8	0.6	0.2	0

"评价要素"得分＝配分×等级比值。

五、轴类零件加工（六）(试题代码：2.1.6；考核时间：150 min)

1. 试题单

(1) 操作条件

1) 数控车床（FANUC或PA)。

2) 外圆车刀、外螺纹车刀、外径千分尺、内径千分尺、游标卡尺等工量具。

3) 零件图样（图号2.1.6)。

4) 提供的数控程序已在机床中。

(2) 操作内容

1) 根据零件图样（图号2.1.6）和加工程序完成零件加工。

2) 零件尺寸自检。

3) 文明生产和机床清洁。

(3) 操作要求

1) 根据零件图样（图号2.1.6）和数控程序说明单安排加工顺序。

2) 根据数控程序说明单安装刀具、建立工件坐标系、输入刀具参数。

3) 程序中的切削参数没有实际指导意义，学员要能阅读程序并根据实际加工要求调整切削参数。

4) 按零件图样（图号2.1.6）完成零件加工。

5) 操作过程中发生撞刀等严重生产事故者，鉴定立即终止。

FANUC 系统程序说明单

程序号	刀具名称	刀尖圆弧半径	刀具、刀补号	工件坐标系位置	主要加工内容
O2161	93°外圆车刀	$R0.8$	T0101	工件右端面中心	$\phi28_{-0.055}^{-0.022}$、$\phi36$外圆等
O2162	93°外圆车刀	$R0.8$	T0101	工件左端面中心	$\phi32$、$\phi46_{-0.2}^{-0.1}$外圆
O2163	外螺纹车刀		T0202	工件左端面中心	螺纹
备注	1. 本程序说明单顺序与实际加工顺序无关 2. 天山路 1800 号鉴定点 FANUC 0i 系统数控车床的外圆车刀装在上刀架，外螺纹车刀装在下刀架，全部刀面向上。注意主轴旋转方向和 X 坐标正负				

PA 系统程序说明单

程序号	刀具名称	刀尖圆弧半径	刀补号	坐标偏置	工件坐标系位置	主要加工内容
P2161	93°外圆车刀	$R0.8$	D01	G54	工件右端面中心	$\phi28_{-0.055}^{-0.022}$、$\phi36$外圆等
P2162	93°外圆车刀	$R0.8$	D01	G54	工件左端面中心	$\phi32$、$\phi46_{-0.2}^{-0.1}$外圆
P2163	外螺纹车刀			G55	工件左端面中心	螺纹
备注	1. 本程序说明单顺序与实际加工顺序无关 2. 天山路 1800 号鉴定点 PA 系统数控车床的外圆车刀、外螺纹车刀的刀位点为刀尖圆弧中心					

其余 3.2

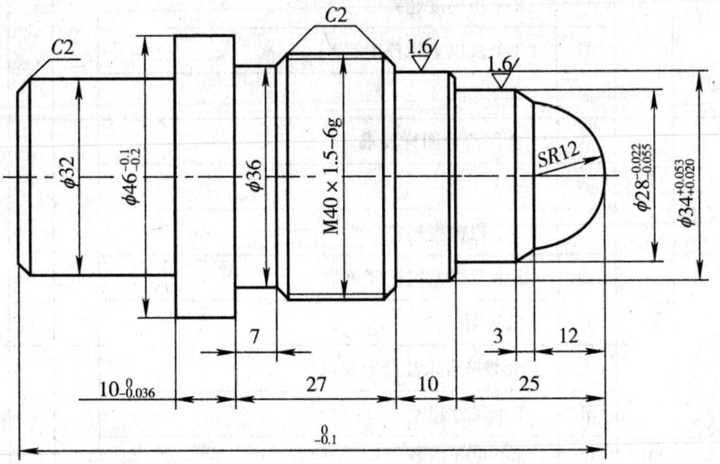

技术要求
未注倒角 $C1$。

					45钢				轴类零件加工（六）
标记	处数	更改文件号	签　字	日　期					
设　计			标准化		图样标记		质　量	比　例	2.1.6
校　对			审　定						
审　核								1：1	
工　艺			日　期		共　　页		第　　页		数控车工（四级）试题

2. 评分表

试题名称及编号		2.1.6 轴类零件加工（六）			考核时间					150 min
评价要素		配分	等级	评分细则	评定等级					得分
					A	B	C	D	E	
1	表面粗糙度 R_a3.2	5	A	全部符合图样要求						
			B	1个粗糙度超差						
			C	2个粗糙度超差						
			D	3个及以上粗糙度超差						
			E	未答题						
2	表面粗糙度 R_a1.6	5	A	全部符合图样要求						
			B	—						
			C	1个粗糙度超差						
			D	2个及以上粗糙度超差						
			E	未答题						
3	未注尺寸公差按照GB/T 1804—M	10	A	全部符合未注公差要求						
			B	1个尺寸超差						
			C	2个尺寸超差						
			D	3个及以上尺寸超差						
			E	未答题						
4	$\phi34^{+0.053}_{+0.020}$	10	A	符合公差要求						
			B	超差≤0.015						
			C	0.015<超差≤0.03						
			D	超差>0.03						
			E	未答题						
5	$\phi28^{-0.022}_{-0.055}$	10	A	符合公差要求						
			B	超差≤0.015						
			C	0.015<超差≤0.03						
			D	超差>0.03						
			E	未答题						

续表

试题名称及编号		2.1.6　轴类零件加工（六）			考核时间					150 min
评价要素		配分	等级	评分细则	评定等级					得分
					A	B	C	D	E	
6	$\phi46^{-0.1}_{-0.2}$	2	A	符合公差要求						
			B	超差≤0.015						
			C	0.015<超差≤0.03						
			D	超差>0.03						
			E	未答题						
7	M40×1.5−6g	10	A	符合公差要求						
			B	—						
			C	—						
			D	超差						
			E	未答题						
8	$10^{0}_{-0.036}$	10	A	符合公差要求						
			B	超差≤0.015						
			C	0.015<超差≤0.03						
			D	超差>0.03						
			E	未答题						
9	$98^{0}_{-0.1}$	4	A	符合公差要求						
			B	超差≤0.015						
			C	0.015<超差≤0.03						
			D	超差>0.03						
			E	未答题						
10	安全生产与文明操作	4	A	操作文明安全，工完场清						
			B	操作较文明，场地整理清洁						
			C	操作不规范，清洁不到位						
			D	操作野蛮，没整理清洁						
			E	未答题						
合计配分		70		合计得分						

以下情况为否决项（出现以下情况本部分不予评分，按 0 分计）：

（1）任一项尺寸超差 0.5 mm 以上（≤2 mm 的倒角和倒圆除外），不予评分。

（2）零件加工不完整（≤2 mm 的倒角和倒圆除外），不予评分。

（3）零件有严重的碰伤、过切，不予评分。

（4）操作过程中发生撞刀等严重生产事故者，立刻终止其鉴定。

（5）同类刀片只允许使用一片。

等级	A（优）	B（良）	C（及格）	D（差）	E（未答题）
比值	1.0	0.8	0.6	0.2	0

“评价要素”得分＝配分×等级比值。

六、轴类零件加工（七）（试题代码：2.1.7；考核时间：150 min）

1. 试题单

（1）操作条件

1）数控车床（FANUC 或 PA）。

2）外圆车刀、外螺纹车刀、外径千分尺、内径千分尺、游标卡尺等工量具。

3）零件图样（图号 2.1.7）。

4）提供的数控程序已在机床中。

（2）操作内容

1）根据零件图样（图号 2.1.7）和加工程序完成零件加工。

2）零件尺寸自检。

3）文明生产和机床清洁。

（3）操作要求

1）根据零件图样（图号 2.1.7）和数控程序说明单安排加工顺序。

2）根据数控程序说明单安装刀具、建立工件坐标系、输入刀具参数。

3）程序中的切削参数没有实际指导意义，学员要能阅读程序并根据实际加工要求调整切削参数。

4）按零件图样（图号 2.1.7）完成零件加工。

5）操作过程中发生撞刀等严重生产事故者，鉴定立即终止。

FANUC 系统程序说明单

程序号	刀具名称	刀尖圆弧半径	刀具、刀补号	工件坐标系位置	主要加工内容
O2171	93°外圆车刀	$R0.8$	T0101	工件右端面中心	$\phi22$、$\phi36^{+0.065}_{+0.026}$外圆等
O2172	93°外圆车刀	$R0.8$	T0101	工件左端面中心	$\phi32$、$\phi46^{-0.1}_{-0.2}$外圆
O2173	外螺纹车刀		T0202	工件左端面中心	螺纹
备注	1. 本程序说明单顺序与实际加工顺序无关 2. 天山路 1800 号鉴定点 FANUC 0i 系统数控车床的外圆车刀装在上刀架，外螺纹车刀装在下刀架，全部刀面向上。注意主轴旋转方向和 X 坐标正负				

PA 系统程序说明单

程序号	刀具名称	刀尖圆弧半径	刀补号	坐标偏置	工件坐标系位置	主要加工内容
P2171	93°外圆车刀	$R0.8$	D01	G54	工件右端面中心	$\phi22$、$\phi36^{+0.065}_{+0.026}$外圆等
P2172	93°外圆车刀	$R0.8$	D01	G54	工件左端面中心	$\phi32$、$\phi46^{-0.1}_{-0.2}$外圆
P2173	外螺纹车刀			G55	工件左端面中心	螺纹
备注	1. 本程序说明单顺序与实际加工顺序无关 2. 天山路 1800 号鉴定点 PA 系统数控车床的外圆车刀、外螺纹车刀的刀位点为刀尖圆弧中心					

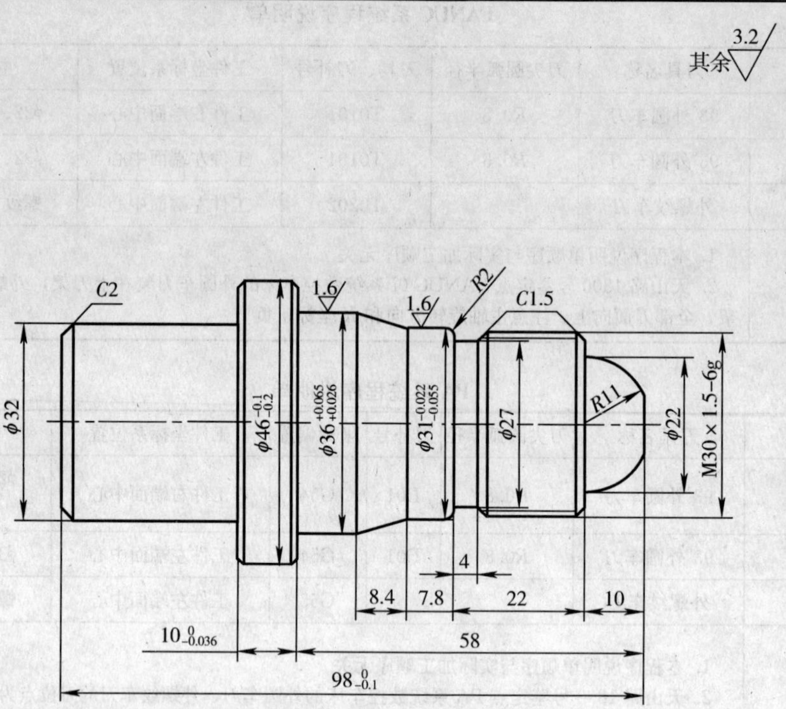

技术要求
未注倒角C1。

标记	处数	更改文件号	签　字	日　期	45钢			轴类零件加工（七）
设　计			标准化		图 样 标 记	质 量	比 例	2.1.7
校　对			审　定					
审　核							1:1	
工　艺			日　期		共　　页	第　　页		数控车工（四级）试题

2. 评分表

试题名称及编号		2.1.7 轴类零件加工（七）			考核时间					150 min
评价要素		配分	等级	评分细则	评定等级					得分
					A	B	C	D	E	
1	表面粗糙度 $R_a3.2$	5	A	全部符合图样要求						
			B	1个粗糙度超差						
			C	2个粗糙度超差						
			D	3个及以上粗糙度超差						
			E	未答题						
2	表面粗糙度 $R_a1.6$	5	A	全部符合图样要求						
			B	—						
			C	1个粗糙度超差						
			D	2个及以上粗糙度超差						
			E	未答题						
3	未注尺寸公差按照GB/T 1804—M	10	A	全部符合未注公差要求						
			B	1个尺寸超差						
			C	2个尺寸超差						
			D	3个及以上尺寸超差						
			E	未答题						
4	$\phi36^{+0.065}_{+0.026}$	10	A	符合公差要求						
			B	超差≤0.015						
			C	0.015<超差≤0.03						
			D	超差>0.03						
			E	未答题						
5	$\phi31^{-0.022}_{-0.055}$	10	A	符合公差要求						
			B	超差≤0.015						
			C	0.015<超差≤0.03						
			D	超差>0.03						
			E	未答题						

试题名称及编号		2.1.7 轴类零件加工（七）			考核时间					150 min
评价要素		配分	等级	评分细则	评定等级					得分
					A	B	C	D	E	
6	$\phi46_{-0.2}^{-0.1}$	2	A	符合公差要求						
			B	超差≤0.015						
			C	0.015<超差≤0.03						
			D	超差>0.03						
			E	未答题						
7	M40×1.5−6g	10	A	符合公差要求						
			B	—						
			C	—						
			D	超差						
			E	未答题						
8	$10_{-0.036}^{0}$	10	A	符合公差要求						
			B	超差≤0.015						
			C	0.015<超差≤0.03						
			D	超差>0.03						
			E	未答题						
9	$98_{-0.1}^{0}$	4	A	符合公差要求						
			B	超差≤0.015						
			C	0.015<超差≤0.03						
			D	超差>0.03						
			E	未答题						
10	安全生产与文明操作	4	A	操作文明安全，工完场清						
			B	操作较文明，场地整理清洁						
			C	操作不规范，清洁不到位						
			D	操作野蛮，没整理清洁						
			E	未答题						
合计配分		70		合计得分						

以下情况为否决项（出现以下情况本部分不予评分，按0分计）：

（1）任一项尺寸超差0.5 mm以上（≤2 mm的倒角和倒圆除外），不予评分。

（2）零件加工不完整（≤2 mm的倒角和倒圆除外），不予评分。

（3）零件有严重的碰伤、过切，不予评分。

（4）操作过程中发生撞刀等严重生产事故者，立刻终止其鉴定。

（5）同类刀片只允许使用一片。

等级	A（优）	B（良）	C（及格）	D（差）	E（未答题）
比值	1.0	0.8	0.6	0.2	0

“评价要素”得分＝配分×等级比值。

七、轴类零件加工（八）（试题代码：2.1.8；考核时间：150 min）

1. 试题单

（1）操作条件

1）数控车床（FANUC或PA）。

2）外圆车刀、外螺纹车刀、外径千分尺、内径千分尺、游标卡尺等工量具。

3）零件图样（图号2.1.8）。

4）提供的数控程序已在机床中。

（2）操作内容

1）根据零件图样（图号2.1.8）和加工程序完成零件加工。

2）零件尺寸自检。

3）文明生产和机床清洁。

（3）操作要求

1）根据零件图样（图号2.1.8）和数控程序说明单安排加工顺序。

2）根据数控程序说明单安装刀具、建立工件坐标系、输入刀具参数。

3）程序中的切削参数没有实际指导意义，学员要能阅读程序并根据实际加工要求调整切削参数。

4）按零件图样（图号2.1.8）完成零件加工。

5）操作过程中发生撞刀等严重生产事故者，鉴定立即终止。

FANUC 系统程序说明单

程序号	刀具名称	刀尖圆弧半径	刀具、刀补号	工件坐标系位置	主要加工内容
O2181	93°外圆车刀	$R0.8$	T0101	工件右端面中心	$\phi28$、$\phi46_{-0.2}^{-0.1}$ 外圆等
O2182	93°外圆车刀	$R0.8$	T0101	工件左端面中心	$\phi32_{-0.053}^{-0.020}$、$\phi36$ 外圆
O2183	外螺纹车刀		T0202	工件左端面中心	螺纹
备注	1. 本程序说明单顺序与实际加工顺序无关 2. 天山路 1800 号鉴定点 FANUC 0i 系统数控车床的外圆车刀装在上刀架，外螺纹车刀装在下刀架，全部刀面向上。注意主轴旋转方向和 *X* 坐标正负				

PA 系统程序说明单

程序号	刀具名称	刀尖圆弧半径	刀补号	坐标偏置	工件坐标系位置	主要加工内容
P2181	93°外圆车刀	$R0.8$	D01	G54	工件右端面中心	$\phi28$、$\phi46_{-0.2}^{-0.1}$ 外圆等
P2182	93°外圆车刀	$R0.8$	D01	G54	工件左端面中心	$\phi32_{-0.053}^{-0.020}$、$\phi36$ 外圆
P2183	外螺纹车刀			G55	工件左端面中心	螺纹
备注	1. 本程序说明单顺序与实际加工顺序无关 2. 天山路 1800 号鉴定点 PA 系统数控车床的外圆车刀、外螺纹车刀的刀位点为刀尖圆弧中心					

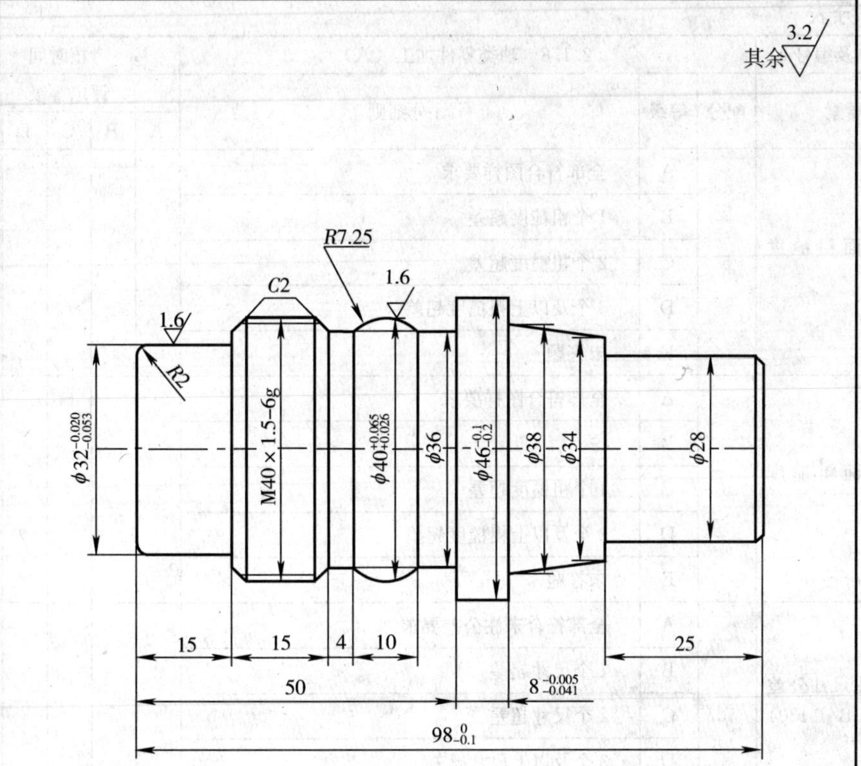

技术要求
未注倒角C1。

					45钢			轴类零件加工（八）
标记	处数	更改文件号	签字	日期				
设计		标准化			图样标记	质量	比例	2.1.8
校对		审定					1∶1	
审核								
工艺		日期			共　页	第　页		数控车工（四级）试题

2. 评分表

试题名称及编号				2.1.8 轴类零件加工（八）	考核时间					150 min
评价要素		配分	等级	评分细则	评定等级					得分
					A	B	C	D	E	
1	表面粗糙度 $R_a3.2$	5	A	全部符合图样要求						
			B	1个粗糙度超差						
			C	2个粗糙度超差						
			D	3个及以上粗糙度超差						
			E	未答题						
2	表面粗糙度 $R_a1.6$	5	A	全部符合图样要求						
			B	—						
			C	1个粗糙度超差						
			D	2个及以上粗糙度超差						
			E	未答题						
3	未注尺寸公差按照 GB/T 1804—M	10	A	全部符合未注公差要求						
			B	1个尺寸超差						
			C	2个尺寸超差						
			D	3个及以上尺寸超差						
			E	未答题						
4	$\phi40^{+0.065}_{+0.026}$	10	A	符合公差要求						
			B	超差≤0.015						
			C	0.015<超差≤0.03						
			D	超差>0.03						
			E	未答题						
5	$\phi32^{-0.020}_{-0.053}$	10	A	符合公差要求						
			B	超差≤0.015						
			C	0.015<超差≤0.03						
			D	超差>0.03						
			E	未答题						

续表

<table>
<tr><td colspan="2">试题名称及编号</td><td colspan="3">2.1.8　轴类零件加工（八）</td><td colspan="4">考核时间</td><td>150 min</td></tr>
<tr><td colspan="2" rowspan="2">评价要素</td><td rowspan="2">配分</td><td rowspan="2">等级</td><td rowspan="2">评分细则</td><td colspan="5">评定等级</td><td rowspan="2">得分</td></tr>
<tr><td>A</td><td>B</td><td>C</td><td>D</td><td>E</td></tr>
<tr><td rowspan="5">6</td><td rowspan="5">$\phi46_{-0.2}^{-0.1}$</td><td rowspan="5">2</td><td>A</td><td>符合公差要求</td><td rowspan="5"></td><td rowspan="5"></td><td rowspan="5"></td><td rowspan="5"></td><td rowspan="5"></td><td rowspan="5"></td></tr>
<tr><td>B</td><td>超差≤0.015</td></tr>
<tr><td>C</td><td>0.015<超差≤0.03</td></tr>
<tr><td>D</td><td>超差>0.03</td></tr>
<tr><td>E</td><td>未答题</td></tr>
<tr><td rowspan="5">7</td><td rowspan="5">M40×1.5−6g</td><td rowspan="5">10</td><td>A</td><td>符合公差要求</td><td rowspan="5"></td><td rowspan="5"></td><td rowspan="5"></td><td rowspan="5"></td><td rowspan="5"></td><td rowspan="5"></td></tr>
<tr><td>B</td><td>—</td></tr>
<tr><td>C</td><td>—</td></tr>
<tr><td>D</td><td>超差</td></tr>
<tr><td>E</td><td>未答题</td></tr>
<tr><td rowspan="5">8</td><td rowspan="5">$8_{-0.041}^{-0.005}$</td><td rowspan="5">10</td><td>A</td><td>符合公差要求</td><td rowspan="5"></td><td rowspan="5"></td><td rowspan="5"></td><td rowspan="5"></td><td rowspan="5"></td><td rowspan="5"></td></tr>
<tr><td>B</td><td>超差≤0.015</td></tr>
<tr><td>C</td><td>0.015<超差≤0.03</td></tr>
<tr><td>D</td><td>超差>0.03</td></tr>
<tr><td>E</td><td>未答题</td></tr>
<tr><td rowspan="5">9</td><td rowspan="5">$98_{-0.1}^{0}$</td><td rowspan="5">4</td><td>A</td><td>符合公差要求</td><td rowspan="5"></td><td rowspan="5"></td><td rowspan="5"></td><td rowspan="5"></td><td rowspan="5"></td><td rowspan="5"></td></tr>
<tr><td>B</td><td>超差≤0.015</td></tr>
<tr><td>C</td><td>0.015<超差≤0.03</td></tr>
<tr><td>D</td><td>超差>0.03</td></tr>
<tr><td>E</td><td>未答题</td></tr>
<tr><td rowspan="5">10</td><td rowspan="5">安全生产与文明操作</td><td rowspan="5">4</td><td>A</td><td>操作文明安全，工完场清</td><td rowspan="5"></td><td rowspan="5"></td><td rowspan="5"></td><td rowspan="5"></td><td rowspan="5"></td><td rowspan="5"></td></tr>
<tr><td>B</td><td>操作较文明，场地整理清洁</td></tr>
<tr><td>C</td><td>操作不规范，清洁不到位</td></tr>
<tr><td>D</td><td>操作野蛮，没整理清洁</td></tr>
<tr><td>E</td><td>未答题</td></tr>
<tr><td colspan="2">合计配分</td><td>70</td><td colspan="8">合计得分</td></tr>
</table>

以下情况为否决项（出现以下情况本部分不予评分，按 0 分计）：

（1）任一项尺寸超差 0.5 mm 以上（≤2 mm 的倒角和倒圆除外），不予评分。

（2）零件加工不完整（≤2 mm 的倒角和倒圆除外），不予评分。

（3）零件有严重的碰伤、过切，不予评分。

（4）操作过程中发生撞刀等严重生产事故者，立刻终止其鉴定。

（5）同类刀片只允许使用一片。

等级	A（优）	B（良）	C（及格）	D（差）	E（未答题）
比值	1.0	0.8	0.6	0.2	0

“评价要素”得分＝配分×等级比值。

八、盘类零件加工（一）（试题代码：2.2.1；考核时间：150 min）

1. 试题单

（1）操作条件

1）数控车床（FANUC 或 PA）。

2）外圆车刀、车孔刀、外径千分尺、内径千分尺、游标卡尺等工量具。

3）零件图样（图号 2.2.1）。

4）提供的数控程序已在机床中。

（2）操作内容

1）根据零件图样（图号 2.2.1）和加工程序完成零件加工。

2）零件尺寸自检。

3）文明生产和机床清洁。

（3）操作要求

1）根据零件图样（图号 2.2.1）和数控程序说明单安排加工顺序。

2）根据数控程序说明单安装刀具、建立工件坐标系、输入刀具参数。

3）程序中的切削参数没有实际指导意义，学员要能阅读程序并根据实际加工要求调整切削参数。

4）按零件图样（图号 2.2.1）完成零件加工。

5）操作过程中发生撞刀等严重生产事故者，鉴定立即终止。

FANUC 系统程序说明单

程序号	刀具名称	刀尖圆弧半径	刀具、刀补号	工件坐标系位置	主要加工内容
O2211	93°外圆车刀	$R0.8$	T0101	工件右端面中心	$\phi64_{-0.076}^{-0.030}$、$\phi68_{+0.032}^{+0.078}$外圆等
O2212	93°外圆车刀	$R0.8$	T0101	工件左端面中心	$\phi60$、$\phi76_{-0.2}^{-0.1}$外圆
O2213	$\phi16$ 车孔刀	$R0.4$	T0202	工件右端面中心	$\phi44$、$\phi52$ 内孔
O2214	$\phi16$ 车孔刀	$R0.4$	T0202	工件左端面中心	$\phi44$、$\phi27_{0}^{+0.033}$内孔
备注	1. 本程序说明单顺序与实际加工顺序无关 2. 天山路1800号鉴定点 FANUC 0i 系统数控车床的外圆车刀装在上刀架，车孔刀装在下刀架，全部刀面向上。注意主轴旋转方向和 X 坐标正负				

PA 系统程序说明单

程序号	刀具名称	刀尖圆弧半径	刀补号	坐标偏置	工件坐标系位置	主要加工内容
P2211	93°外圆车刀	$R0.8$	D01	G54	工件右端面中心	$\phi64_{-0.076}^{-0.030}$、$\phi68_{+0.032}^{+0.078}$外圆等
P2212	93°外圆车刀	$R0.8$	D01	G54	工件左端面中心	$\phi60$、$\phi76_{-0.2}^{-0.1}$外圆
P2213	$\phi16$ 车孔刀	$R0.4$		G55	工件右端面中心	$\phi44$、$\phi52$ 内孔
P2214	$\phi16$ 车孔刀	$R0.4$		G55	工件左端面中心	$\phi44$、$\phi27_{0}^{+0.033}$内孔
备注	1. 本程序说明单顺序与实际加工顺序无关 2. 天山路1800号鉴定点 PA 系统数控车床的外圆车刀、车孔刀的刀位点为刀尖圆弧中心					

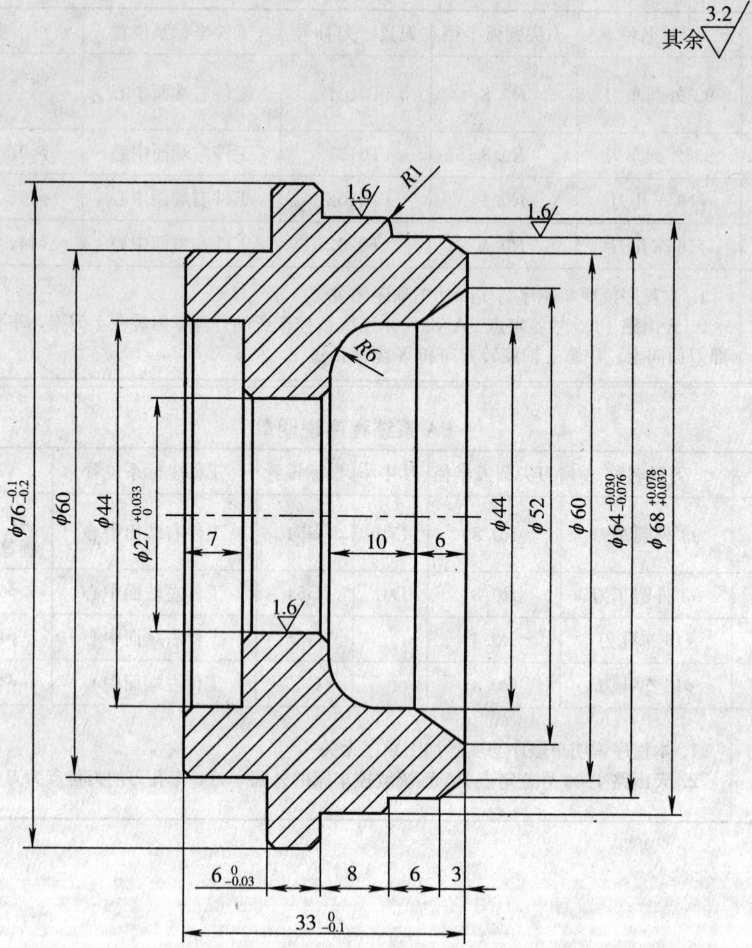

技术要求
未注倒角C1。

					45钢			盘类零件加工(一)
标记	处数	更改文件号	签字	日期				
设计		标准化			图样标记	质量	比例	2.2.1
校对		审定					1:1	
审核								数控车工（四级）
工艺		日期			共 页	第 页		试题

2. 评分表

试题名称及编号				2.2.1　盘类零件加工（一）	考核时间					150 min
评价要素		配分	等级	评分细则	评定等级					得分
					A	B	C	D	E	
1	表面粗糙度 $R_a3.2$	5	A	全部符合图样要求						
			B	1 个粗糙度超差						
			C	2 个粗糙度超差						
			D	3 个及以上粗糙度超差						
			E	未答题						
2	表面粗糙度 $R_a1.6$	5	A	全部符合图样要求						
			B	—						
			C	1 个粗糙度超差						
			D	2 个及以上粗糙度超差						
			E	未答题						
3	未注尺寸公差按照 GB/T 1804—M	10	A	全部符合未注公差要求						
			B	1 个尺寸超差						
			C	2 个尺寸超差						
			D	3 个及以上尺寸超差						
			E	未答题						
4	$\phi68^{+0.078}_{+0.032}$	10	A	符合公差要求						
			B	超差≤0.015						
			C	0.015<超差≤0.03						
			D	超差>0.03						
			E	未答题						
5	$\phi64^{-0.030}_{-0.076}$	10	A	符合公差要求						
			B	超差≤0.015						
			C	0.015<超差≤0.03						
			D	超差>0.03						
			E	未答题						

续表

试题名称及编号		2.2.1　盘类零件加工（一）			考核时间					150 min
评价要素		配分	等级	评分细则	评定等级					得分
					A	B	C	D	E	
6	$\phi76_{-0.2}^{-0.1}$	2	A	符合公差要求						
			B	超差≤0.015						
			C	0.015<超差≤0.03						
			D	超差>0.03						
			E	未答题						
7	$\phi27_{0}^{+0.033}$	10	A	符合公差要求						
			B	超差≤0.015						
			C	0.015<超差≤0.03						
			D	超差>0.03						
			E	未答题						
8	$6_{-0.03}^{0}$	10	A	符合公差要求						
			B	超差≤0.015						
			C	0.015<超差≤0.03						
			D	超差>0.03						
			E	未答题						
9	$33_{-0.1}^{0}$	4	A	符合公差要求						
			B	超差≤0.015						
			C	0.015<超差≤0.03						
			D	超差>0.03						
			E	未答题						
10	安全生产与文明操作	4	A	操作文明安全，工完场清						
			B	操作较文明，场地整理清洁						
			C	操作不规范，清洁不到位						
			D	操作野蛮，没整理清洁						
			E	未答题						
合计配分		70	合计得分							

以下情况为否决项（出现以下情况本部分不予评分，按 0 分计）：

（1）任一项尺寸超差 0.5 mm 以上（≤2 mm 的倒角和倒圆除外），不予评分。

（2）零件加工不完整（≤2 mm 的倒角和倒圆除外），不予评分。

（3）零件有严重的碰伤、过切，不予评分。

（4）操作过程中发生撞刀等严重生产事故者，立刻终止其鉴定。

（5）同类刀片只允许使用一片。

等级	A（优）	B（良）	C（及格）	D（差）	E（未答题）
比值	1.0	0.8	0.6	0.2	0

"评价要素"得分＝配分×等级比值。

九、盘类零件加工（二）（试题代码：2.2.2；考核时间：150 min）

1. 试题单

（1）操作条件

1）数控车床（FANUC 或 PA）。

2）外圆车刀、车孔刀、外径千分尺、内径千分尺、游标卡尺等工量具。

3）零件图样（图号 2.2.2）。

4）提供的数控程序已在机床中。

（2）操作内容

1）根据零件图样（图号 2.2.2）和加工程序完成零件加工。

2）零件尺寸自检。

3）文明生产和机床清洁。

（3）操作要求

1）根据零件图样（图号 2.2.2）和数控程序说明单安排加工顺序。

2）根据数控程序说明单安装刀具、建立工件坐标系、输入刀具参数。

3）程序中的切削参数没有实际指导意义，学员要能阅读程序并根据实际加工要求调整切削参数。

4）按零件图样（图号 2.2.2）完成零件加工。

5）操作过程中发生撞刀等严重生产事故者，鉴定立即终止。

FANUC 系统程序说明单

程序号	刀具名称	刀尖圆弧半径	刀具、刀补号	工件坐标系位置	主要加工内容
O2221	93°外圆车刀	$R0.8$	T0101	工件右端面中心	$\phi64_{-0.076}^{-0.030}$、$\phi68_{+0.032}^{+0.078}$外圆等
O2222	93°外圆车刀	$R0.8$	T0101	工件左端面中心	$\phi60$、$\phi76_{-0.2}^{-0.1}$外圆
O2223	$\phi16$ 车孔刀	$R0.4$	T0202	工件右端面中心	$\phi56$、$\phi24$ 内孔
O2224	$\phi16$ 车孔刀	$R0.4$	T0202	工件左端面中心	$\phi40$、$\phi30_{0}^{+0.033}$内孔
备注	1. 本程序说明单顺序与实际加工顺序无关 2. 天山路 1800 号鉴定点 FANUC 0i 系统数控车床的外圆车刀装在上刀架，车孔刀装在下刀架，全部刀面向上。注意主轴旋转方向和 X 坐标正负				

PA 系统程序说明单

程序号	刀具名称	刀尖圆弧半径	刀补号	坐标偏置	工件坐标系位置	主要加工内容
P2221	93°外圆车刀	$R0.8$	D01	G54	工件右端面中心	$\phi64_{-0.076}^{-0.030}$、$\phi68_{+0.032}^{+0.078}$外圆等
P2222	93°外圆车刀	$R0.8$	D01	G54	工件左端面中心	$\phi60$、$\phi76_{-0.2}^{-0.1}$外圆
P2223	$\phi16$ 车孔刀	$R0.4$		G55	工件右端面中心	$\phi56$、$\phi24$ 内孔
P2224	$\phi16$ 车孔刀	$R0.4$		G55	工件左端面中心	$\phi40$、$\phi30_{0}^{+0.033}$内孔
备注	1. 本程序说明单顺序与实际加工顺序无关 2. 天山路 1800 号鉴定点 PA 系统数控车床的外圆车刀、车孔刀的刀位点为刀尖圆弧中心					

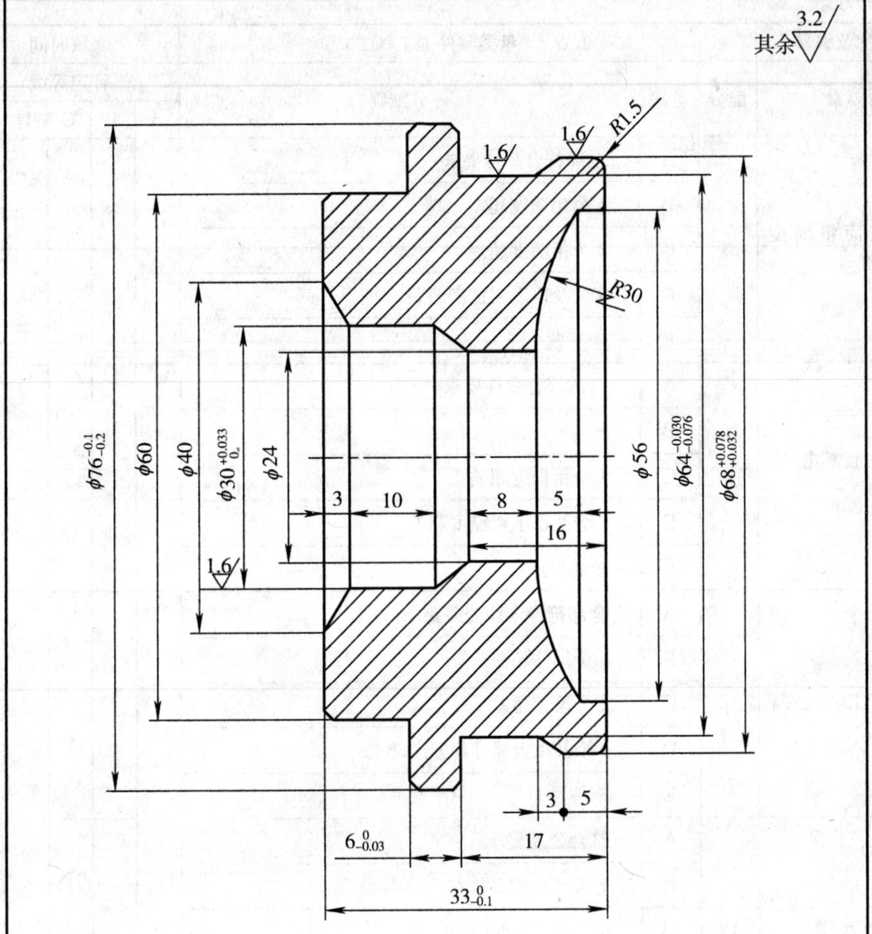

技术要求
未注倒角$C1$。

					45钢				盘类零件加工（二）
标记	处数	更改文件号	签　字	日　期					
设　计		标准化			图样标记		质　量	比　例	2.2.2
校　对		审　定						1：1	
审　核									
工　艺		日　期			共　　页	第　　页			数控车工（四级）试题

2. 评分表

试题名称及编号		2.2.2　盘类零件加工（二）			考核时间					150 min
评价要素		配分	等级	评分细则	评定等级					得分
					A	B	C	D	E	
1	表面粗糙度 R_a3.2	5	A	全部符合图样要求						
			B	1个粗糙度超差						
			C	2个粗糙度超差						
			D	3个及以上粗糙度超差						
			E	未答题						
2	表面粗糙度 R_a1.6	5	A	全部符合图样要求						
			B	—						
			C	1个粗糙度超差						
			D	2个及以上粗糙度超差						
			E	未答题						
3	未注尺寸公差按照GB/T 1804—M	10	A	全部符合未注公差要求						
			B	1个尺寸超差						
			C	2个尺寸超差						
			D	3个及以上尺寸超差						
			E	未答题						
4	$\phi68^{+0.078}_{+0.032}$	10	A	符合公差要求						
			B	超差≤0.015						
			C	0.015<超差≤0.03						
			D	超差>0.03						
			E	未答题						
5	$\phi64^{-0.030}_{-0.076}$	10	A	符合公差要求						
			B	超差≤0.015						
			C	0.015<超差≤0.03						
			D	超差>0.03						
			E	未答题						

续表

试题名称及编号		2.2.2　盘类零件加工（二）		考核时间					150 min
评价要素		配分	等级	评分细则	评定等级				得分
					A	B	C	D	E	
6	$\phi76^{-0.1}_{-0.2}$	2	A	符合公差要求						
			B	超差≤0.015						
			C	0.015<超差≤0.03						
			D	超差>0.03						
			E	未答题						
7	$\phi30^{+0.033}_{0}$	10	A	符合公差要求						
			B	超差≤0.015						
			C	0.015<超差≤0.03						
			D	超差>0.03						
			E	未答题						
8	$6^{0}_{-0.03}$	10	A	符合公差要求						
			B	超差≤0.015						
			C	0.015<超差≤0.03						
			D	超差>0.03						
			E	未答题						
9	$33^{0}_{-0.1}$	4	A	符合公差要求						
			B	超差≤0.015						
			C	0.015<超差≤0.03						
			D	超差>0.03						
			E	未答题						
10	安全生产与文明操作	4	A	操作文明安全，工完场清						
			B	操作较文明，场地整理清洁						
			C	操作不规范，清洁不到位						
			D	操作野蛮，没整理清洁						
			E	未答题						
合计配分		70	合计得分							

以下情况为否决项（出现以下情况本部分不予评分，按0分计）：

(1) 任一项尺寸超差0.5 mm以上（≤2 mm的倒角和倒圆除外），不予评分。

(2) 零件加工不完整（≤2 mm的倒角和倒圆除外），不予评分。

(3) 零件有严重的碰伤、过切，不予评分。

(4) 操作过程中发生撞刀等严重生产事故者，立刻终止其鉴定。

(5) 同类刀片只允许使用一片。

等级	A（优）	B（良）	C（及格）	D（差）	E（未答题）
比值	1.0	0.8	0.6	0.2	0

“评价要素”得分＝配分×等级比值。

十、盘类零件加工（三）（试题代码：2.2.3；考核时间：150 min）

1. 试题单

(1) 操作条件

1) 数控车床（FANUC或PA）。

2) 外圆车刀、车孔刀、外径千分尺、内径千分尺、游标卡尺等工量具。

3) 零件图样（图号2.2.3）。

4) 提供的数控程序已在机床中。

(2) 操作内容

1) 根据零件图样（图号2.2.3）和加工程序完成零件加工。

2) 零件尺寸自检。

3) 文明生产和机床清洁。

(3) 操作要求

1) 根据零件图样（图号2.2.3）和数控程序说明单安排加工顺序。

2) 根据数控程序说明单安装刀具、建立工件坐标系、输入刀具参数。

3) 程序中的切削参数没有实际指导意义，学员要能阅读程序并根据实际加工要求调整切削参数。

4) 按零件图样（图号2.2.3）完成零件加工。

5) 操作过程中发生撞刀等严重生产事故者，鉴定立即终止。

FANUC 系统程序说明单

程序号	刀具名称	刀尖圆弧半径	刀具、刀补号	工件坐标系位置	主要加工内容
O2231	93°外圆车刀	R0.8	T0101	工件右端面中心	$\phi64^{+0.078}_{+0.032}$、$\phi68^{-0.030}_{-0.076}$外圆等
O2232	93°外圆车刀	R0.8	T0101	工件左端面中心	$\phi60$、$\phi76^{-0.1}_{-0.2}$外圆
O2233	$\phi16$ 车孔刀	R0.4	T0202	工件右端面中心	$\phi40$、$\phi25^{+0.033}_{0}$内孔
O2234	$\phi16$ 车孔刀	R0.4	T0202	工件左端面中心	$\phi50$、$\phi40$ 内孔
备注	1. 本程序说明单顺序与实际加工顺序无关 2. 天山路 1800 号鉴定点 FANUC 0i 系统数控车床的外圆车刀装在上刀架，车孔刀装在下刀架，全部刀面向上。注意主轴旋转方向和 X 坐标正负				

PA 系统程序说明单

程序号	刀具名称	刀尖圆弧半径	刀补号	坐标偏置	工件坐标系位置	主要加工内容
P2231	93°外圆车刀	R0.8	D01	G54	工件右端面中心	$\phi64^{+0.078}_{+0.032}$、$\phi68^{-0.030}_{-0.076}$外圆等
P2232	93°外圆车刀	R0.8	D01	G54	工件左端面中心	$\phi60$、$\phi76^{-0.1}_{-0.2}$外圆
P2233	$\phi16$ 车孔刀	R0.4		G55	工件右端面中心	$\phi40$、$\phi25^{+0.033}_{0}$内孔
P2234	$\phi16$ 车孔刀	R0.4		G55	工件左端面中心	$\phi50$、$\phi40$ 内孔
备注	1. 本程序说明单顺序与实际加工顺序无关 2. 天山路 1800 号鉴定点 PA 系统数控车床的外圆车刀、车孔刀的刀位点为刀尖圆弧中心					

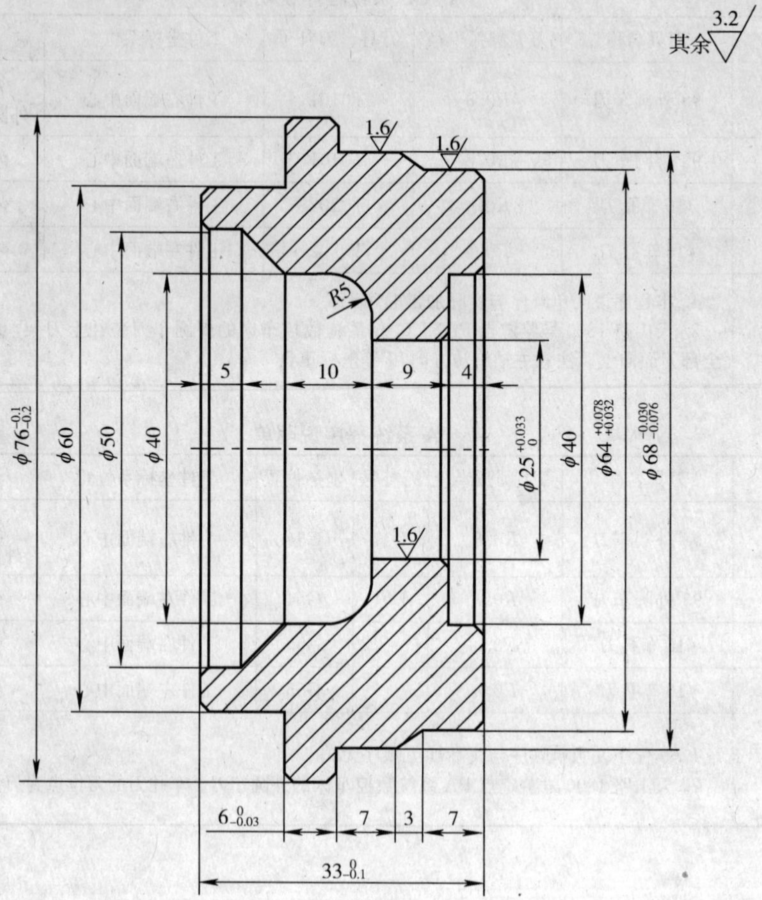

技术要求
未注倒角$C1$。

					45钢			盘类零件加工(三)
标记	处数	更改文件号	签字	日期				
设计			标准化		图样标记	质量	比例	2.2.3
校对			审定				1 : 1	数控车工（四级）试题
审核								
工艺			日期		共 页	第 页		

2. 评分表

试题名称及编号		2.2.3　盘类零件加工（三）			考核时间					150 min
评价要素		配分	等级	评分细则	评定等级					得分
					A	B	C	D	E	
1	表面粗糙度 $R_a3.2$	5	A	全部符合图样要求						
			B	1 个粗糙度超差						
			C	2 个粗糙度超差						
			D	3 个及以上粗糙度超差						
			E	未答题						
2	表面粗糙度 $R_a1.6$	5	A	全部符合图样要求						
			B	—						
			C	1 个粗糙度超差						
			D	2 个及以上粗糙度超差						
			E	未答题						
3	未注尺寸公差按照 GB/T 1804—M	10	A	全部符合未注公差要求						
			B	1 个尺寸超差						
			C	2 个尺寸超差						
			D	3 个及以上尺寸超差						
			E	未答题						
4	$\phi64^{+0.078}_{+0.032}$	10	A	符合公差要求						
			B	超差≤0.015						
			C	0.015<超差≤0.03						
			D	超差>0.03						
			E	未答题						
5	$\phi68^{-0.030}_{-0.076}$	10	A	符合公差要求						
			B	超差≤0.015						
			C	0.015<超差≤0.03						
			D	超差>0.03						
			E	未答题						

续表

试题名称及编号		2.2.3　盘类零件加工（三）			考核时间					150 min
评价要素		配分	等级	评分细则	评定等级					得分
					A	B	C	D	E	
6	$\phi 76_{-0.2}^{-0.1}$	2	A	符合公差要求						
			B	超差≤0.015						
			C	0.015<超差≤0.03						
			D	超差>0.03						
			E	未答题						
7	$\phi 25_{0}^{+0.033}$	10	A	符合公差要求						
			B	超差≤0.015						
			C	0.015<超差≤0.03						
			D	超差>0.03						
			E	未答题						
8	$6_{-0.03}^{0}$	10	A	符合公差要求						
			B	超差≤0.015						
			C	0.015<超差≤0.03						
			D	超差>0.03						
			E	未答题						
9	$33_{-0.1}^{0}$	4	A	符合公差要求						
			B	超差≤0.015						
			C	0.015<超差≤0.03						
			D	超差>0.03						
			E	未答题						
10	安全生产与文明操作	4	A	操作文明安全，工完场清						
			B	操作较文明，场地整理清洁						
			C	操作不规范，清洁不到位						
			D	操作野蛮，没整理清洁						
			E	未答题						
合计配分		70		合计得分						

以下情况为否决项（出现以下情况本部分不予评分，按0分计）：

（1）任一项尺寸超差0.5 mm以上（≤2 mm的倒角和倒圆除外），不予评分。

（2）零件加工不完整（≤2 mm的倒角和倒圆除外），不予评分。

（3）零件有严重的碰伤、过切，不予评分。

（4）操作过程中发生撞刀等严重生产事故者，立刻终止其鉴定。

（5）同类刀片只允许使用一片。

等级	A（优）	B（良）	C（及格）	D（差）	E（未答题）
比值	1.0	0.8	0.6	0.2	0

“评价要素”得分＝配分×等级比值。

十一、盘类零件加工（四）（试题代码：2.2.4；考核时间：150 min）

1. 试题单

（1）操作条件

1）数控车床（FANUC或PA）。

2）外圆车刀、车孔刀、外径千分尺、内径千分尺、游标卡尺等工量具。

3）零件图样（图号2.2.4）。

4）提供的数控程序已在机床中。

（2）操作内容

1）根据零件图样（图号2.2.4）和加工程序完成零件加工。

2）零件尺寸自检。

3）文明生产和机床清洁。

（3）操作要求

1）根据零件图样（图号2.2.4）和数控程序说明单安排加工顺序。

2）根据数控程序说明单安装刀具、建立工件坐标系、输入刀具参数。

3）程序中的切削参数没有实际指导意义，学员要能阅读程序并根据实际加工要求调整切削参数。

4）按零件图样（图号2.2.4）完成零件加工。

5）操作过程中发生撞刀等严重生产事故者，鉴定立即终止。

FANUC 系统程序说明单

程序号	刀具名称	刀尖圆弧半径	刀具、刀补号	工件坐标系位置	主要加工内容
O2241	93°外圆车刀	R0.8	T0101	工件右端面中心	$\phi66_{-0.076}^{-0.030}$、$\phi69_{+0.032}^{+0.078}$外圆等
O2242	93°外圆车刀	R0.8	T0101	工件左端面中心	$\phi60$、$\phi76_{-0.2}^{-0.1}$外圆
O2243	$\phi16$ 车孔刀	R0.4	T0202	工件右端面中心	$\phi50$、$\phi24$ 内孔
O2244	$\phi16$ 车孔刀	R0.4	T0202	工件左端面中心	$\phi30_{0}^{+0.033}$内孔
备注	1. 本程序说明单顺序与实际加工顺序无关 2. 天山路 1800 号鉴定点 FANUC 0i 系统数控车床的外圆车刀装在上刀架，车孔刀装在下刀架，全部刀面向上。注意主轴旋转方向和 X 坐标正负				

PA 系统程序说明单

程序号	刀具名称	刀尖圆弧半径	刀补号	坐标偏置	工件坐标系位置	主要加工内容
P2241	93°外圆车刀	R0.8	D01	G54	工件右端面中心	$\phi66_{-0.076}^{-0.030}$、$\phi69_{+0.032}^{+0.078}$外圆等
P2242	93°外圆车刀	R0.8	D01	G54	工件左端面中心	$\phi60$、$\phi76_{-0.2}^{-0.1}$外圆
P2243	$\phi16$ 车孔刀	R0.4		G55	工件右端面中心	$\phi50$、$\phi24$ 内孔
P2244	$\phi16$ 车孔刀	R0.4		G55	工件左端面中心	$\phi30_{0}^{+0.033}$内孔
备注	1. 本程序说明单顺序与实际加工顺序无关 2. 天山路 1800 号鉴定点 PA 系统数控车床的外圆车刀、车孔刀的刀位点为刀尖圆弧中心					

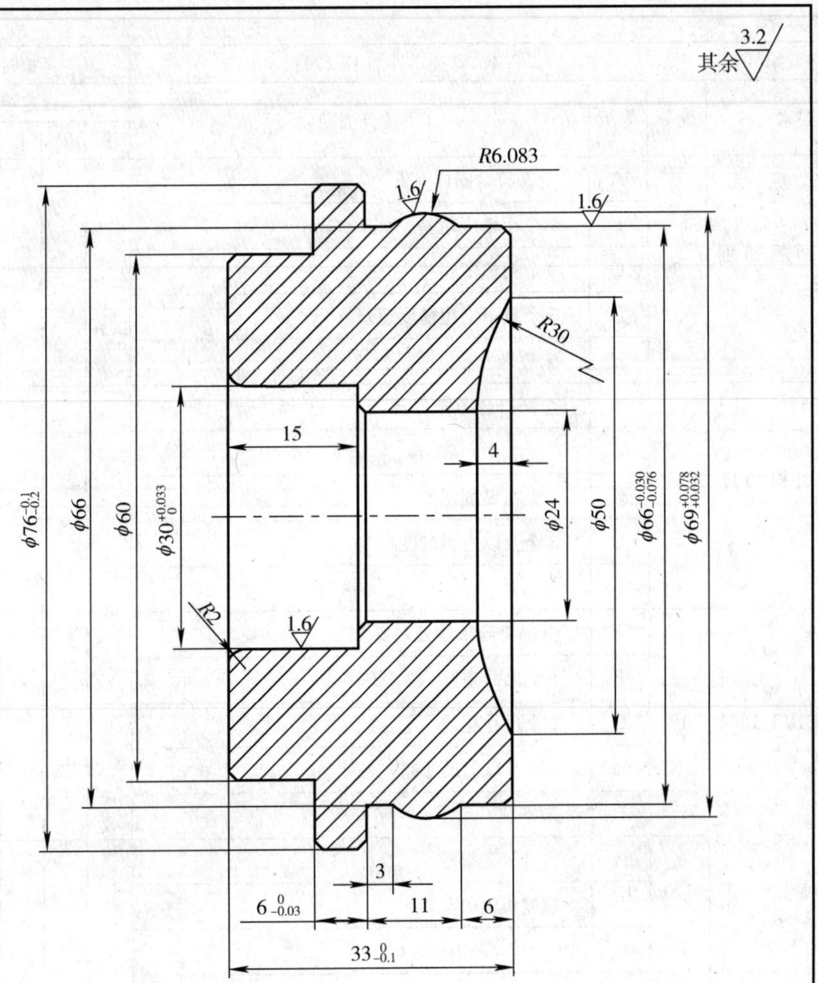

技术要求
未注倒角C1。

					45钢				盘类零件加工(四)
标记	处数	更改文件号	签字	日期					
设计			标准化		图样标记		质量	比例	2. 2. 4
校对			审定					1∶1	
审核									数控车工（四级）试题
工艺			日期		共 页		第 页		

2. 评分表

试题名称及编号		2.2.4　盘类零件加工（四）			考核时间					150 min
评价要素		配分	等级	评分细则	评定等级					得分
					A	B	C	D	E	
1	表面粗糙度 $R_a3.2$	5	A	全部符合图样要求						
			B	1个粗糙度超差						
			C	2个粗糙度超差						
			D	3个及以上粗糙度超差						
			E	未答题						
2	表面粗糙度 $R_a1.6$	5	A	全部符合图样要求						
			B	—						
			C	1个粗糙度超差						
			D	2个及以上粗糙度超差						
			E	未答题						
3	未注尺寸公差按照GB/T 1804—M	10	A	全部符合未注公差要求						
			B	1个尺寸超差						
			C	2个尺寸超差						
			D	3个及以上尺寸超差						
			E	未答题						
4	$\phi69^{+0.078}_{+0.032}$	10	A	符合公差要求						
			B	超差≤0.015						
			C	0.015＜超差≤0.03						
			D	超差＞0.03						
			E	未答题						
5	$\phi66^{-0.030}_{-0.076}$	10	A	符合公差要求						
			B	超差≤0.015						
			C	0.015＜超差≤0.03						
			D	超差＞0.03						
			E	未答题						

续表

试题名称及编号		2.2.4 盘类零件加工（四）			考核时间					150 min
评价要素		配分	等级	评分细则	评定等级					得分
					A	B	C	D	E	
6	$\phi 76_{-0.2}^{-0.1}$	2	A	符合公差要求						
			B	超差≤0.015						
			C	0.015<超差≤0.03						
			D	超差>0.03						
			E	未答题						
7	$\phi 30_{0}^{+0.033}$	10	A	符合公差要求						
			B	超差≤0.015						
			C	0.015<超差≤0.03						
			D	超差>0.03						
			E	未答题						
8	$6_{-0.03}^{0}$	10	A	符合公差要求						
			B	超差≤0.015						
			C	0.015<超差≤0.03						
			D	超差>0.03						
			E	未答题						
9	$33_{-0.1}^{0}$	4	A	符合公差要求						
			B	超差≤0.015						
			C	0.015<超差≤0.03						
			D	超差>0.03						
			E	未答题						
10	安全生产与文明操作	4	A	操作文明安全，工完场清						
			B	操作较文明，场地整理清洁						
			C	操作不规范，清洁不到位						
			D	操作野蛮，没整理清洁						
			E	未答题						
合计配分		70		合计得分						

以下情况为否决项（出现以下情况本部分不予评分，按 0 分计）：

（1）任一项尺寸超差 0.5 mm 以上（≤2 mm 的倒角和倒圆除外），不予评分。

（2）零件加工不完整（≤2 mm 的倒角和倒圆除外），不予评分。

（3）零件有严重的碰伤、过切，不予评分。

（4）操作过程中发生撞刀等严重生产事故者，立刻终止其鉴定。

（5）同类刀片只允许使用一片。

等级	A（优）	B（良）	C（及格）	D（差）	E（未答题）
比值	1.0	0.8	0.6	0.2	0

“评价要素”得分＝配分×等级比值。

十二、盘类零件加工（五）（试题代码：2.2.5；考核时间：150 min）

1. 试题单

（1）操作条件

1）数控车床（FANUC 或 PA）。

2）外圆车刀、车孔刀、外径千分尺、内径千分尺、游标卡尺等工量具。

3）零件图样（图号 2.2.5）。

4）提供的数控程序已在机床中。

（2）操作内容

1）根据零件图样（图号 2.2.5）和加工程序完成零件加工。

2）零件尺寸自检。

3）文明生产和机床清洁。

（3）操作要求

1）根据零件图样（图号 2.2.5）和数控程序说明单安排加工顺序。

2）根据数控程序说明单安装刀具、建立工件坐标系、输入刀具参数。

3）程序中的切削参数没有实际指导意义，学员要能阅读程序并根据实际加工要求调整切削参数。

4）按零件图样（图号 2.2.5）完成零件加工。

5）操作过程中发生撞刀等严重生产事故者，鉴定立即终止。

FANUC 系统程序说明单

程序号	刀具名称	刀尖圆弧半径	刀具、刀补号	工件坐标系位置	主要加工内容
O2251	93°外圆车刀	$R0.8$	T0101	工件右端面中心	$\phi68$、$\phi76_{-0.2}^{-0.1}$外圆等
O2252	93°外圆车刀	$R0.8$	T0101	工件左端面中心	$\phi60_{+0.032}^{+0.078}$、$\phi66_{-0.076}^{-0.030}$外圆
O2253	$\phi16$ 车孔刀	$R0.4$	T0202	工件右端面中心	$\phi44$、$\phi26_{0}^{+0.033}$内孔
O2254	$\phi16$ 车孔刀	$R0.4$	T0202	工件左端面中心	$\phi44$、$\phi34$ 内孔
备注	1. 本程序说明单顺序与实际加工顺序无关 2. 天山路 1800 号鉴定点 FANUC 0i 系统数控车床的外圆车刀装在上刀架，车孔刀装在下刀架，全部刀面向上。注意主轴旋转方向和 X 坐标正负				

PA 系统程序说明单

程序号	刀具名称	刀尖圆弧半径	刀补号	坐标偏置	工件坐标系位置	主要加工内容
P2251	93°外圆车刀	$R0.8$	D01	G54	工件右端面中心	$\phi68$、$\phi76_{-0.2}^{-0.1}$外圆等
P2252	93°外圆车刀	$R0.8$	D01	G54	工件左端面中心	$\phi60_{+0.032}^{+0.078}$、$\phi66_{-0.076}^{-0.030}$外圆
P2253	$\phi16$ 车孔刀	$R0.4$		G55	工件右端面中心	$\phi44$、$\phi26_{0}^{+0.033}$内孔
P2254	$\phi16$ 车孔刀	$R0.4$		G55	工件左端面中心	$\phi44$、$\phi34$ 内孔
备注	1. 本程序说明单顺序与实际加工顺序无关 2. 天山路 1800 号鉴定点 PA 系统数控车床的外圆车刀、车孔刀的刀位点为刀尖圆弧中心					

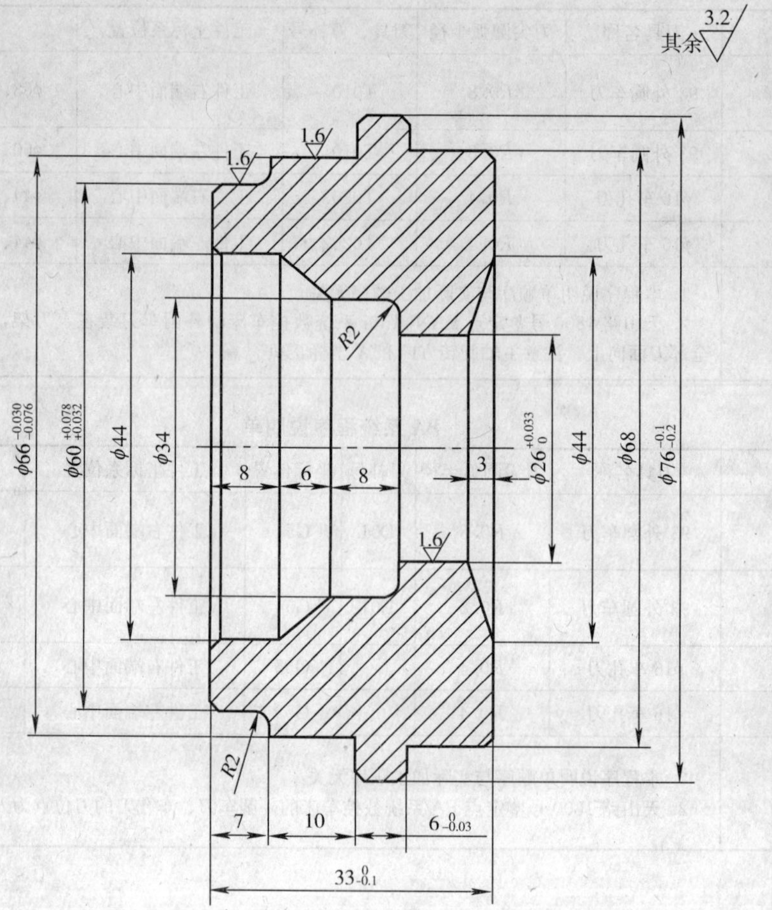

技术要求
未注倒角C1。

					45钢				盘类零件加工（五）
标记	处数	更改文件号	签 字	日 期					
设 计		标准化			图样标记		质量	比例	2.2.5
校 对		审 定						1 : 1	
审 核									
工 艺		日 期			共 页		第 页		数控车工（四级）试题

2. 评分表

试题名称及编号		2.2.5　盘类零件加工（五）			考核时间					150 min
评价要素		配分	等级	评分细则	评定等级					得分
					A	B	C	D	E	
1	表面粗糙度 $R_a3.2$	5	A	全部符合图样要求						
			B	1 个粗糙度超差						
			C	2 个粗糙度超差						
			D	3 个及以上粗糙度超差						
			E	未答题						
2	表面粗糙度 $R_a1.6$	5	A	全部符合图样要求						
			B	—						
			C	1 个粗糙度超差						
			D	2 个及以上粗糙度超差						
			E	未答题						
3	未注尺寸公差按照 GB/T 1804—M	10	A	全部符合未注公差要求						
			B	1 个尺寸超差						
			C	2 个尺寸超差						
			D	3 个及以上尺寸超差						
			E	未答题						
4	$\phi60^{+0.078}_{+0.032}$	10	A	符合公差要求						
			B	超差≤0.015						
			C	0.015<超差≤0.03						
			D	超差>0.03						
			E	未答题						
5	$\phi66^{-0.030}_{-0.076}$	10	A	符合公差要求						
			B	超差≤0.015						
			C	0.015<超差≤0.03						
			D	超差>0.03						
			E	未答题						

续表

试题名称及编号		2.2.5　盘类零件加工（五）			考核时间					150 min
评价要素		配分	等级	评分细则	评定等级					得分
					A	B	C	D	E	
6	$\phi 76_{-0.2}^{-0.1}$	2	A	符合公差要求						
			B	超差≤0.015						
			C	0.015<超差≤0.03						
			D	超差>0.03						
			E	未答题						
7	$\phi 26_{0}^{+0.033}$	10	A	符合公差要求						
			B	超差≤0.015						
			C	0.015<超差≤0.03						
			D	超差>0.03						
			E	未答题						
8	$6_{-0.03}^{0}$	10	A	符合公差要求						
			B	超差≤0.015						
			C	0.015<超差≤0.03						
			D	超差>0.03						
			E	未答题						
9	$33_{-0.1}^{0}$	4	A	符合公差要求						
			B	超差≤0.015						
			C	0.015<超差≤0.03						
			D	超差>0.03						
			E	未答题						
10	安全生产与文明操作	4	A	操作文明安全，工完场清						
			B	操作较文明，场地整理清洁						
			C	操作不规范，清洁不到位						
			D	操作野蛮，没整理清洁						
			E	未答题						
合计配分		70		合计得分						

以下情况为否决项（出现以下情况本部分不予评分，按 0 分计）：

（1）任一项尺寸超差 0.5 mm 以上（≤2 mm 的倒角和倒圆除外），不予评分。

（2）零件加工不完整（≤2 mm 的倒角和倒圆除外），不予评分。

（3）零件有严重的碰伤、过切，不予评分。

（4）操作过程中发生撞刀等严重生产事故者，立刻终止其鉴定。

（5）同类刀片只允许使用一片。

等级	A（优）	B（良）	C（及格）	D（差）	E（未答题）
比值	1.0	0.8	0.6	0.2	0

“评价要素”得分＝配分×等级比值。

十三、盘类零件加工（六）（试题代码：2.2.6；考核时间：150 min）

1. 试题单

（1）操作条件

1）数控车床（FANUC 或 PA）。

2）外圆车刀、车孔刀、外径千分尺、内径千分尺、游标卡尺等工量具。

3）零件图样（图号 2.2.6）。

4）提供的数控程序已在机床中。

（2）操作内容

1）根据零件图样（图号 2.2.6）和加工程序完成零件加工。

2）零件尺寸自检。

3）文明生产和机床清洁。

（3）操作要求

1）根据零件图样（图号 2.2.6）和数控程序说明单安排加工顺序。

2）根据数控程序说明单安装刀具、建立工件坐标系、输入刀具参数。

3）程序中的切削参数没有实际指导意义，学员要能阅读程序并根据实际加工要求调整切削参数。

4）按零件图样（图号 2.2.6）完成零件加工。

5）操作过程中发生撞刀等严重生产事故者，鉴定立即终止。

FANUC 系统程序说明单

程序号	刀具名称	刀尖圆弧半径	刀具、刀补号	工件坐标系位置	主要加工内容
O2261	93°外圆车刀	$R0.8$	T0101	工件右端面中心	$\phi62^{+0.078}_{+0.032}$、$\phi66^{-0.030}_{-0.076}$外圆等
O2262	93°外圆车刀	$R0.8$	T0101	工件左端面中心	$\phi60$、$\phi76^{-0.1}_{-0.2}$外圆
O2263	$\phi16$ 车孔刀	$R0.4$	T0202	工件右端面中心	$\phi52$、$\phi34$ 内孔
O2264	$\phi16$ 车孔刀	$R0.4$	T0202	工件左端面中心	$\phi36$、$\phi24^{+0.033}_{0}$内孔
备注	1. 本程序说明单顺序与实际加工顺序无关 2. 天山路 1800 号鉴定点 FANUC 0i 系统数控车床的外圆车刀装在上刀架，车孔刀装在下刀架，全部刀面向上。注意主轴旋转方向和 X 坐标正负				

PA 系统程序说明单

程序号	刀具名称	刀尖圆弧半径	刀补号	坐标偏置	工件坐标系位置	主要加工内容
P2261	93°外圆车刀	$R0.8$	D01	G54	工件右端面中心	$\phi62^{+0.078}_{+0.032}$、$\phi66^{-0.030}_{-0.076}$外圆等
P2262	93°外圆车刀	$R0.8$	D01	G54	工件左端面中心	$\phi60$、$\phi76^{-0.1}_{-0.2}$外圆
P2263	$\phi16$ 车孔刀	$R0.4$		G55	工件右端面中心	$\phi52$、$\phi34$ 内孔
P2264	$\phi16$ 车孔刀	$R0.4$		G55	工件左端面中心	$\phi36$、$\phi24^{+0.033}_{0}$内孔
备注	1. 本程序说明单顺序与实际加工顺序无关 2. 天山路 1800 号鉴定点 PA 系统数控车床的外圆车刀、车孔刀的刀位点为刀尖圆弧中心					

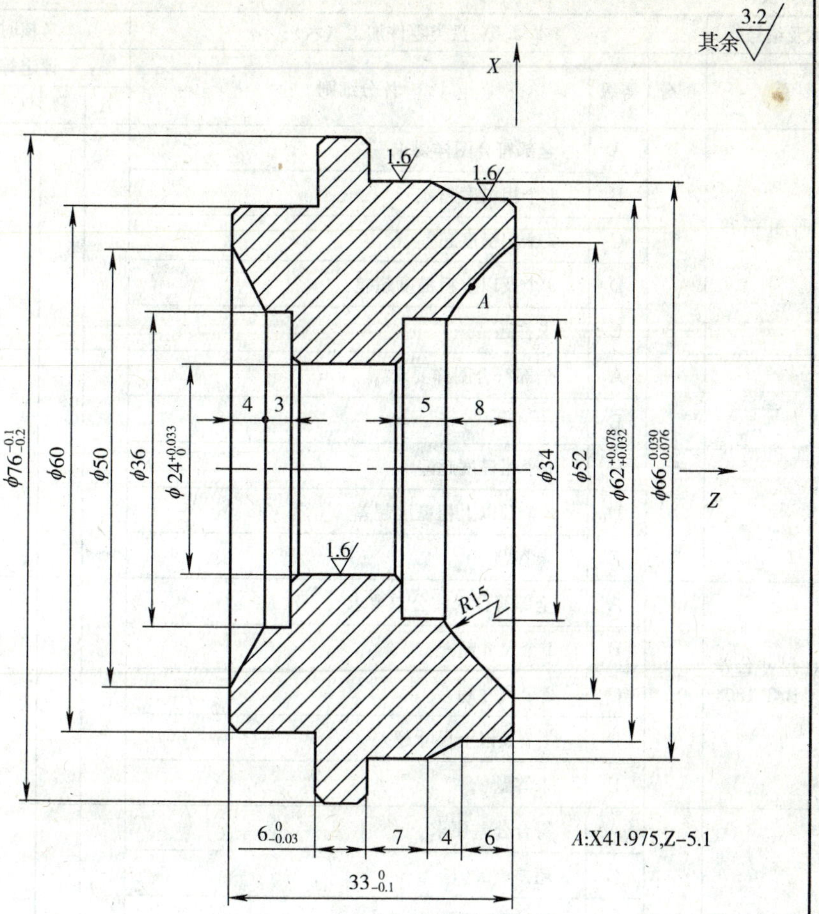

技术要求
未注倒角C1。

					45钢		盘类零件加工（六）
标记	处数	更改文件号	签字	日期			
设计			标准化		图样标记	质量 / 比例	2.2.6
校对			审定			1：1	
审核							
工艺			日期		共　页	第　页	数控车工（四级）试题

2. 评分表

试题名称及编号				2.2.6　盘类零件加工（六）	考核时间					150 min
评价要素		配分	等级	评分细则	评定等级					得分
					A	B	C	D	E	
1	表面粗糙度 $R_a3.2$	5	A	全部符合图样要求						
			B	1个粗糙度超差						
			C	2个粗糙度超差						
			D	3个及以上粗糙度超差						
			E	未答题						
2	表面粗糙度 $R_a1.6$	5	A	全部符合图样要求						
			B	—						
			C	1个粗糙度超差						
			D	2个及以上粗糙度超差						
			E	未答题						
3	未注尺寸公差按照GB/T 1804—M	10	A	全部符合未注公差要求						
			B	1个尺寸超差						
			C	2个尺寸超差						
			D	3个及以上尺寸超差						
			E	未答题						
4	$\phi62^{+0.078}_{+0.032}$	10	A	符合公差要求						
			B	超差≤0.015						
			C	0.015<超差≤0.03						
			D	超差>0.03						
			E	未答题						
5	$\phi66^{-0.030}_{-0.076}$	10	A	符合公差要求						
			B	超差≤0.015						
			C	0.015<超差≤0.03						
			D	超差>0.03						
			E	未答题						

续表

试题名称及编号		2.2.6　盘类零件加工（六）			考核时间					150 min
评价要素		配分	等级	评分细则	评定等级					得分
					A	B	C	D	E	
6	$\phi 76_{-0.2}^{-0.1}$	2	A	符合公差要求						
			B	超差≤0.015						
			C	0.015<超差≤0.03						
			D	超差>0.03						
			E	未答题						
7	$\phi 24_{0}^{+0.033}$	10	A	符合公差要求						
			B	超差≤0.015						
			C	0.015<超差≤0.03						
			D	超差>0.03						
			E	未答题						
8	$6_{-0.03}^{0}$	10	A	符合公差要求						
			B	超差≤0.015						
			C	0.015<超差≤0.03						
			D	超差>0.03						
			E	未答题						
9	$33_{-0.01}^{0}$	4	A	符合公差要求						
			B	超差≤0.015						
			C	0.015<超差≤0.03						
			D	超差>0.03						
			E	未答题						
10	安全生产与文明操作	4	A	操作文明安全，工完场清						
			B	操作较文明，场地整理清洁						
			C	操作不规范，清洁不到位						
			D	操作野蛮，没整理清洁						
			E	未答题						
合计配分		70		合计得分						

以下情况为否决项（出现以下情况本部分不予评分，按 0 分计）：

（1）任一项尺寸超差 0.5 mm 以上（≤2 mm 的倒角和倒圆除外），不予评分。

（2）零件加工不完整（≤2 mm 的倒角和倒圆除外），不予评分。

（3）零件有严重的碰伤、过切，不予评分。

（4）操作过程中发生撞刀等严重生产事故者，立刻终止其鉴定。

（5）同类刀片只允许使用一片。

等级	A（优）	B（良）	C（及格）	D（差）	E（未答题）
比值	1.0	0.8	0.6	0.2	0

“评价要素”得分＝配分×等级比值。

十四、盘类零件加工（七）（试题代码：2.2.7；考核时间：150 min）

1. 试题单

（1）操作条件

1）数控车床（FANUC 或 PA）。

2）外圆车刀、车孔刀、外径千分尺、内径千分尺、游标卡尺等工量具。

3）零件图样（图号 2.2.7）。

4）提供的数控程序已在机床中。

（2）操作内容

1）根据零件图样（图号 2.2.7）和加工程序完成零件加工。

2）零件尺寸自检。

3）文明生产和机床清洁。

（3）操作要求

1）根据零件图样（图号 2.2.7）和数控程序说明单安排加工顺序。

2）根据数控程序说明单安装刀具、建立工件坐标系、输入刀具参数。

3）程序中的切削参数没有实际指导意义，学员要能阅读程序并根据实际加工要求调整切削参数。

4）按零件图样（图号 2.2.7）完成零件加工。

5）操作过程中发生撞刀等严重生产事故者，鉴定立即终止。

FANUC 系统程序说明单

程序号	刀具名称	刀尖圆弧半径	刀具、刀补号	工件坐标系位置	主要加工内容
O2271	93°外圆车刀	$R0.8$	T0101	工件右端面中心	$\phi64^{+0.078}_{+0.032}$、$\phi68^{-0.030}_{-0.076}$外圆等
O2272	93°外圆车刀	$R0.8$	T0101	工件左端面中心	$\phi64$、$\phi76^{-0.1}_{-0.2}$外圆
O2273	$\phi16$ 车孔刀	$R0.4$	T0202	工件右端面中心	$\phi44$、$\phi36$ 内孔
O2274	$\phi16$ 车孔刀	$R0.4$	T0202	工件左端面中心	$\phi28^{+0.033}_{0}$、$\phi24$ 内孔
备注	1. 本程序说明单顺序与实际加工顺序无关 2. 天山路 1800 号鉴定点 FANUC 0i 系统数控车床的外圆车刀装在上刀架，车孔刀装在下刀架，全部刀面向上。注意主轴旋转方向和 X 坐标正负				

PA 系统程序说明单

程序号	刀具名称	刀尖圆弧半径	刀补号	坐标偏置	工件坐标系位置	主要加工内容
P2271	93°外圆车刀	$R0.8$	D01	G54	工件右端面中心	$\phi64^{+0.078}_{+0.032}$、$\phi68^{-0.030}_{-00.076}$外圆等
P2272	93°外圆车刀	$R0.8$	D01	G54	工件左端面中心	$\phi64$、$\phi76^{-0.1}_{-0.2}$外圆
P2273	$\phi16$ 车孔刀	$R0.4$		G55	工件右端面中心	$\phi44$、$\phi36$ 内孔
P2274	$\phi16$ 车孔刀	$R0.4$		G55	工件左端面中心	$\phi28^{+0.033}_{0}$、$\phi24$ 内孔
备注	1. 本程序说明单顺序与实际加工顺序无关 2. 天山路 1800 号鉴定点 PA 系统数控车床的外圆车刀、车孔刀的刀位点为刀尖圆弧中心					

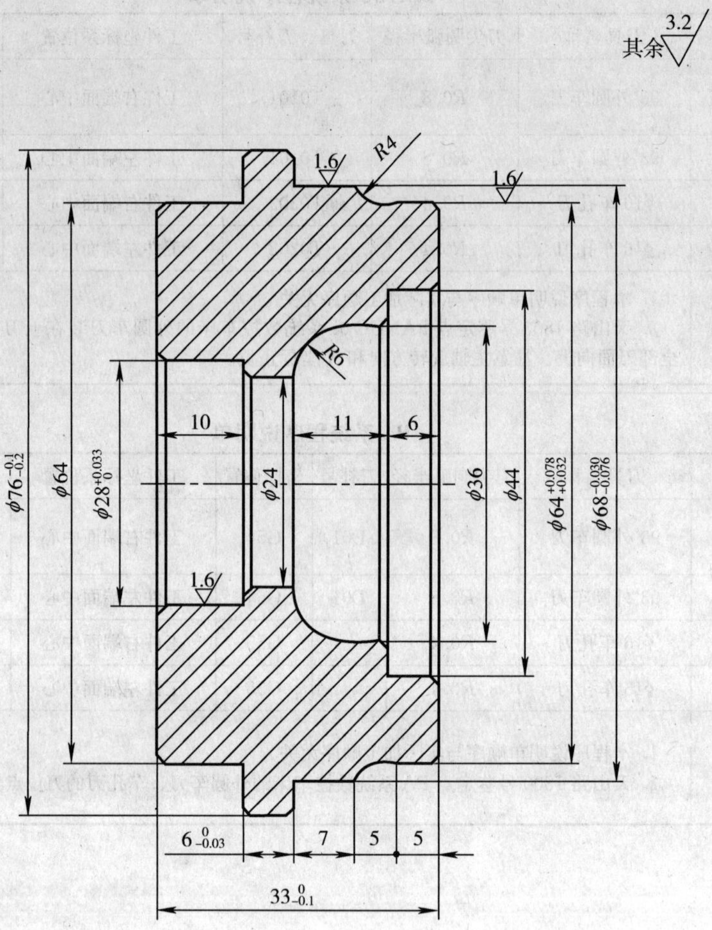

技术要求
未注倒角C1。

					45钢				盘类零件加工（七）
标记	处数	更改文件号	签字	日期					
设计		标准化			图样标记		质量	比例	2.2.7
校对		审定						1∶1	
审核									
工艺		日期			共　页		第　页		数控车工（四级）试题

2. 评分表

试题名称及编号		2.2.7　盘类零件加工（七）			考核时间					150 min
评价要素		配分	等级	评分细则	评定等级					得分
					A	B	C	D	E	
1	表面粗糙度 $R_a3.2$	5	A	全部符合图样要求						
			B	1 个粗糙度超差						
			C	2 个粗糙度超差						
			D	3 个及以上粗糙度超差						
			E	未答题						
2	表面粗糙度 $R_a1.6$	5	A	全部符合图样要求						
			B	—						
			C	1 个粗糙度超差						
			D	2 个及以上粗糙度超差						
			E	未答题						
3	未注尺寸公差按照 GB/T 1804—M	10	A	全部符合未注公差要求						
			B	1 个尺寸超差						
			C	2 个尺寸超差						
			D	3 个及以上尺寸超差						
			E	未答题						
4	$\phi64^{+0.078}_{+0.032}$	10	A	符合公差要求						
			B	超差≤0.015						
			C	0.015＜超差≤0.03						
			D	超差＞0.03						
			E	未答题						
5	$\phi68^{-0.030}_{-0.076}$	10	A	符合公差要求						
			B	超差≤0.015						
			C	0.015＜超差≤0.03						
			D	超差＞0.03						
			E	未答题						

续表

试题名称及编号		2.2.7 盘类零件加工（七）			考核时间					150 min
评价要素		配分	等级	评分细则	评定等级					得分
					A	B	C	D	E	
6	$\phi 76_{-0.2}^{-0.1}$	2	A	符合公差要求						
			B	超差≤0.015						
			C	0.015<超差≤0.03						
			D	超差>0.03						
			E	未答题						
7	$\phi 28_{0}^{+0.033}$	10	A	符合公差要求						
			B	超差≤0.015						
			C	0.015<超差≤0.03						
			D	超差>0.03						
			E	未答题						
8	$6_{-0.03}^{0}$	10	A	符合公差要求						
			B	超差≤0.015						
			C	0.015<超差≤0.03						
			D	超差>0.03						
			E	未答题						
9	$33_{-0.1}^{0}$	4	A	符合公差要求						
			B	超差≤0.015						
			C	0.015<超差≤0.03						
			D	超差>0.03						
			E	未答题						
10	安全生产与文明操作	4	A	操作文明安全，工完场清						
			B	操作较文明，场地整理清洁						
			C	操作不规范，清洁不到位						
			D	操作野蛮，没整理清洁						
			E	未答题						
合计配分		70		合计得分						

以下情况为否决项（出现以下情况本部分不予评分，按 0 分计）：

（1）任一项尺寸超差 0.5 mm 以上（≤2 mm 的倒角和倒圆除外），不予评分。

（2）零件加工不完整（≤2 mm 的倒角和倒圆除外），不予评分。

（3）零件有严重的碰伤、过切，不予评分。

（4）操作过程中发生撞刀等严重生产事故者，立刻终止其鉴定。

（5）同类刀片只允许使用一片。

等级	A（优）	B（良）	C（及格）	D（差）	E（未答题）
比值	1.0	0.8	0.6	0.2	0

"评价要素"得分＝配分×等级比值。

十五、盘类零件加工（八）（试题代码：2.2.8；考核时间：150 min）

1. 试题单

（1）操作条件

1）数控车床（FANUC 或 PA）。

2）外圆车刀、车孔刀、外径千分尺、内径千分尺、游标卡尺等工量具。

3）零件图样（图号 2.2.8）。

4）提供的数控程序已在机床中。

（2）操作内容

1）根据零件图样（图号 2.2.8）和加工程序完成零件加工。

2）零件尺寸自检。

3）文明生产和机床清洁。

（3）操作要求

1）根据零件图样（图号 2.2.8）和数控程序说明单安排加工顺序。

2）根据数控程序说明单安装刀具、建立工件坐标系、输入刀具参数。

3）程序中的切削参数没有实际指导意义，学员要能阅读程序并根据实际加工要求调整切削参数。

4）按零件图样（图号 2.2.8）完成零件加工。

5）操作过程中发生撞刀等严重生产事故者，鉴定立即终止。

FANUC 系统程序说明单

程序号	刀具名称	刀尖圆弧半径	刀具、刀补号	工件坐标系位置	主要加工内容
O2281	93°外圆车刀	$R0.8$	T0101	工件右端面中心	$\phi66$、$\phi76_{-0.2}^{-0.1}$外圆等
O2282	93°外圆车刀	$R0.8$	T0101	工件左端面中心	$\phi62_{-0.076}^{-0.030}$、$\phi64_{+0.032}^{+0.078}$外圆
O2283	$\phi16$ 车孔刀	$R0.4$	T0202	工件右端面中心	锥孔、$\phi34$ 内孔
O2284	$\phi16$ 车孔刀	$R0.4$	T0202	工件左端面中心	$\phi48$、$\phi24_{0}^{+0.033}$内孔
备注	1. 本程序说明单顺序与实际加工顺序无关 2. 天山路 1800 号鉴定点 FANUC 0i 系统数控车床的外圆车刀装在上刀架，车孔刀装在下刀架，全部刀面向上。注意主轴旋转方向和 X 坐标正负				

PA 系统程序说明单

程序号	刀具名称	刀尖圆弧半径	刀补号	坐标偏置	工件坐标系位置	主要加工内容
P2281	93°外圆车刀	$R0.8$	D01	G54	工件右端面中心	$\phi66$、$\phi76_{-0.2}^{-0.1}$外圆等
P2282	93°外圆车刀	$R0.8$	D01	G54	工件左端面中心	$\phi62_{-0.076}^{-0.030}$、$\phi64_{+0.032}^{+0.078}$外圆
P2283	$\phi16$ 车孔刀	$R0.4$		G55	工件右端面中心	锥孔、$\phi34$ 内孔
P2284	$\phi16$ 车孔刀	$R0.4$		G55	工件左端面中心	$\phi48$、$\phi24_{0}^{+0.033}$ 内孔
备注	1. 本程序说明单顺序与实际加工顺序无关 2. 天山路 1800 号鉴定点 PA 系统数控车床的外圆车刀、车孔刀的刀位点为刀尖圆弧中心					

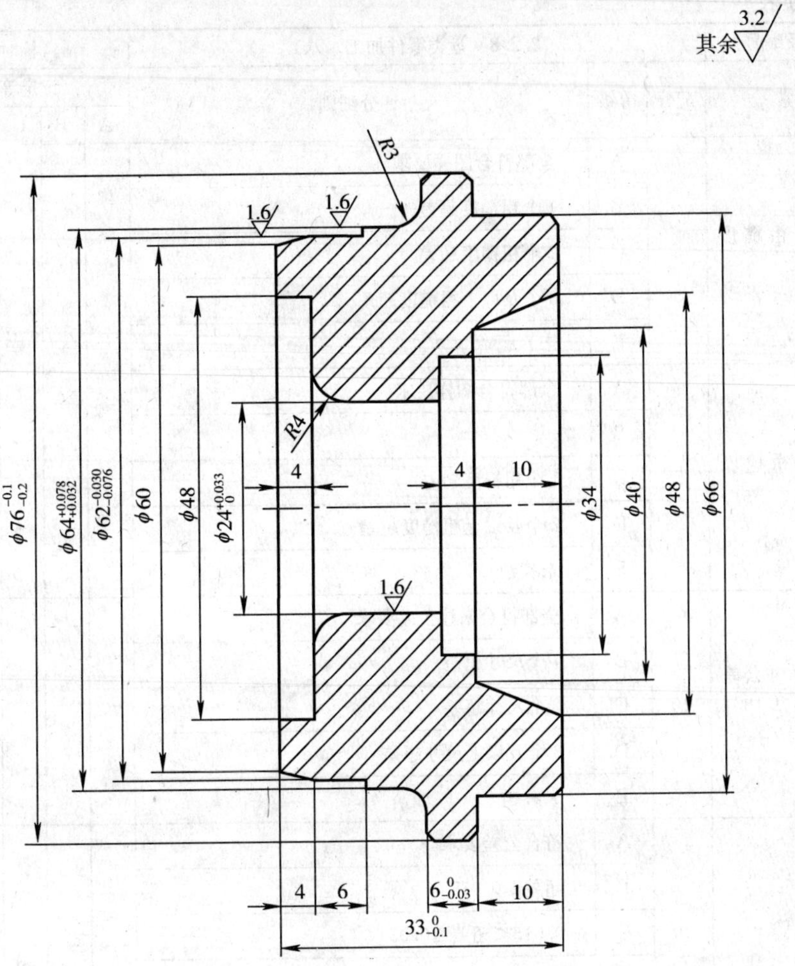

技术要求
未注倒角 $C1$。

					45钢				盘类零件加工（八）
标记	处数	更改文件号	签 字	日 期					
设 计		标准化			图样标记		质量	比例	2.2.8
校 对		审 定						1∶1	
审 核									数控车工（四级）试题
工 艺		日 期			共　页		第　页		

2. 评分表

试题名称及编号				2.2.8 盘类零件加工（八）	考核时间					150 min
评价要素		配分	等级	评分细则	评定等级					得分
					A	B	C	D	E	
1	表面粗糙度 $R_a3.2$	5	A	全部符合图样要求						
			B	1个粗糙度超差						
			C	2个粗糙度超差						
			D	3个及以上粗糙度超差						
			E	未答题						
2	表面粗糙度 $R_a1.6$	5	A	全部符合图样要求						
			B	—						
			C	1个粗糙度超差						
			D	2个及以上粗糙度超差						
			E	未答题						
3	未注尺寸公差按照GB/T 1804—M	10	A	全部符合未注公差要求						
			B	1个尺寸超差						
			C	2个尺寸超差						
			D	3个及以上尺寸超差						
			E	未答题						
4	$\phi64^{+0.078}_{+0.032}$	10	A	符合公差要求						
			B	超差≤0.015						
			C	0.015<超差≤0.03						
			D	超差>0.03						
			E	未答题						
5	$\phi62^{-0.030}_{-0.076}$	10	A	符合公差要求						
			B	超差≤0.015						
			C	0.015<超差≤0.03						
			D	超差>0.03						
			E	未答题						

续表

试题名称及编号		2.2.8 盘类零件加工（八）			考核时间					150 min
评价要素		配分	等级	评分细则	评定等级					得分
					A	B	C	D	E	
6	$\phi 76_{-0.2}^{-0.1}$	2	A	符合公差要求						
			B	超差≤0.015						
			C	0.015<超差≤0.03						
			D	超差>0.03						
			E	未答题						
7	$\phi 24_{0}^{+0.033}$	10	A	符合公差要求						
			B	超差≤0.015						
			C	0.015<超差≤0.03						
			D	超差>0.03						
			E	未答题						
8	$6_{-0.03}^{0}$	10	A	符合公差要求						
			B	超差≤0.015						
			C	0.015<超差≤0.03						
			D	超差>0.03						
			E	未答题						
9	$33_{-0.1}^{0}$	4	A	符合公差要求						
			B	超差≤0.015						
			C	0.015<超差≤0.03						
			D	超差>0.03						
			E	未答题						
10	安全生产与文明操作	4	A	操作文明安全，工完场清						
			B	操作较文明，场地整理清洁						
			C	操作不规范，清洁不到位						
			D	操作野蛮，没整理清洁						
			E	未答题						
合计配分		70	合计得分							

以下情况为否决项（出现以下情况本部分不予评分，按 0 分计）：

（1）任一项尺寸超差 0.5 mm 以上（≤2 mm 的倒角和倒圆除外），不予评分。

（2）零件加工不完整（≤2 mm 的倒角和倒圆除外），不予评分。

（3）零件有严重的碰伤、过切，不予评分。

（4）操作过程中发生撞刀等严重生产事故者，立刻终止其鉴定。

（5）同类刀片只允许使用一片。

等级	A（优）	B（良）	C（及格）	D（差）	E（未答题）
比值	1.0	0.8	0.6	0.2	0

“评价要素”得分＝配分×等级比值。

第 5 部分

理论知识考试模拟试卷及答案

数控车工（四级）理论知识试卷

注 意 事 项

1. 考试时间：90 min。
2. 请首先按要求在试卷的标封处填写您的姓名、准考证号和所在单位的名称。
3. 请仔细阅读各种题目的回答要求，在规定的位置填写您的答案。
4. 不要在试卷上乱写乱画，不要在标封区填写无关的内容。

	一	二	总分
得分			

得分	
评分人	

一、判断题（第 1 题～第 60 题。将判断结果填入括号中。正确的填“√”，错误的填“×”。每题 0.5 分，满分 30 分）

1. 道德是对人类而言的，非人类不存在道德问题。（ ）
2. 操作系统最重要的核心部分是常驻监控程序。（ ）
3. 金属磷可改善钢的切削加工性能。（ ）

4. 灰铸铁中的石墨呈团絮状。 （ ）

5. 纯铜又称黄铜。 （ ）

6. 正火是将钢加热、保温并缓慢冷却到室温的一种热处理工艺。 （ ）

7. 渗碳以后一般必须经过淬火和低温回火。 （ ）

8. 齿轮传动最突出的优点是能保证瞬时传动比恒定。 （ ）

9. 螺纹连接是利用螺纹连接件构成的不可拆卸的固定连接。 （ ）

10. 转轴一般设计为阶梯轴。 （ ）

11. 黏度是表示液体黏性大小的物理量。 （ ）

12. 刀开关是一种自动控制电器。 （ ）

13. 接近式位置开关是一种接触式位置开关。 （ ）

14. 直流电动机是将直流电能转换为机械能的设备。 （ ）

15. 企业的质量管理是自下而上、分级负责、全员参与的一种系统性活动。 （ ）

16. 车削加工最主要的不安全因素是切屑飞溅造成伤害。 （ ）

17. 在一般情况下，断面图只画出零件的断面形状，但当剖切平面通过非圆孔、槽时，这些结构应按剖视画出。 （ ）

18. 公差＝最大极限尺寸－最小极限尺寸＝上偏差－下偏差。 （ ）

19. 对于某些零件，可按其机械加工时所处的位置画出主视图，这样在加工时便于看图。 （ ）

20. 在机械加工中，一个工件在同一时刻只能占据一个工位。 （ ）

21. 定位基准与定位基准表面是一个概念，只是名称不同而已。 （ ）

22. 自动定心夹紧机构能使工件同时受到定心和夹紧。 （ ）

23. 定位基准需经加工，才能采用 V 形块定位。 （ ）

24. 利用夹具定位，被加工工件可迅速而准确地安装在夹具中，因此中批以上生产中广泛采用专用夹具定位。 （ ）

25. 在刀具的切削部分，切屑流出经过的表面称为后面。 （ ）

26. 刀具材料的硬度应越高越好，不需考虑工艺性。 （ ）

27. 积屑瘤“冷焊”在前面上容易脱落，会造成切削过程不稳定。 （ ）

28. 当圆柄车刀顶部超过四方刀架的使用范围时，可增加辅具后再使用。（　）

29. 程序段格式有演变的过程，是先有文字地址格式，后发展成固定格式。（　）

30. G 代码可以分为模态 G 代码和非模态 G 代码，00 组的 G 代码属于模态代码。（　）

31. 右手直角坐标系中拇指表示 Z 轴。（　）

32. 数控加工中，麻花钻的刀位点是刀具轴线与横刃的交点。（　）

33. M02 表示程序段结束，光标和屏幕显示自动返回到程序的开头处。（　）

34. 在执行 M00 后，不仅准备功能（G 功能）停止，连辅助功能（M 功能）也停止。（　）

35. FANUC 0i 系统中，“G00 X100.0 Z−20.0;”与“G00 z−20.0 x100.0;”地址大小写、次序不同，但意义相同。（　）

36. 数控程序固定循环的作用主要是简化编程。（　）

37. 螺纹指令“G32 X41.0 W−43.0 F2.5;”是以 2.5 mm/min 的进给速度加工螺纹。（　）

38. 进行刀补就是将编程轮廓数据转换为刀位点轨迹数据。（　）

39. B 功能刀具补偿可以自动完成轮廓之间的转接。（　）

40. CAM 加工的工艺参数都由计算机自动确定。（　）

41. 数控仿真操作中程序的输入、编辑必须在回零操作之后。（　）

42. 数控机床加工过程中要改变主轴速度或进给速度必须使程序暂停，修改程序中 S 和 F 的值。（　）

43. 目前常用的对刀仪是机外刀具预调测量仪和机内激光自动对刀仪。（　）

44. 数控机床能与计算机实现串行通信，但还不能与计算机实现宽带网络连接。（　）

45. 目前，大多数数控机床的控制方式是闭环控制。（　）

46. 划分加工阶段的目的之一是便于安排热处理工序。（　）

47. 按粗精加工划分工序适用于加工后变形较大、需粗精加工分开的零件。（　）

48. 强力车削时最好选择 95°主偏角的车刀。（　）

49. 外螺纹的大径又称为顶径，也就是螺纹的公称直径。（　）

50. 麻花钻钻孔时轴向力大，主要是由钻头的主切削刃引起的。 （ ）

51. 扩孔可在一定程度上校正钻孔的轴线误差。 （ ）

52. 铰孔能修正孔的轴线误差。 （ ）

53. 一般认为，如果能将系统误差减小到使其影响相当于随机误差的程度，则可认为系统误差已被消除。 （ ）

54. 测量范围为 0～25 mm 的外径千分尺应附有校对量杆。 （ ）

55. 螺纹环规是专门用于评定外螺纹合格性的，所以是一种专用量具。 （ ）

56. 用水平仪和桥板沿着被测要素按节距移动水平仪进行直线度测量，水平仪读数的最大差值即为直线度误差。 （ ）

57. 大中型数控机床的主轴为满足输出转矩特性的要求，变速常采用分段无级变速。 （ ）

58. 采用贴塑导轨的机床可实现机床的高速运动。 （ ）

59. 光栅除了有光栅尺外还有圆光栅，用于角位移测量。 （ ）

60. 数控系统的故障要么通过软件报警显示，要么通过硬件报警显示。 （ ）

得分	
评分人	

二、单项选择题（第 1 题～第 140 题。选择一个正确的答案，将相应的字母填入题内的括号中。每题 0.5 分，满分 70 分）

1. 从业人员遵守合同和契约是（ ）。

A. 忠诚所属企业 B. 维护企业信誉 C. 保守企业秘密 D. 爱护企业团结

2. 遵纪守法是（ ）。

A. 文明职工的基本要求 B. 文明礼貌的具体要求

C. 文明生产的行为准则 D. 办事公道的基本内容

3. 微机中最常用的一种数制是（ ）。

A. 二进制数 B. 八进制数 C. 十进制数 D. 十六进制数

4. 微机的读/写内存储器是（ ）。

A. RAM B. ROM C. I/O D. CPU

5. 压力加工性能主要取决于金属材料的（　　）。

A. 塑性　　B. 导电性　　C. 导热性　　D. 磁性

6. 调质钢的含碳量一般为（　　）。

A. ＜0.25%　　B. 0.25%～0.3%　　C. 0.3%～0.6%　　D. ＞0.6%

7. 高速钢又称（　　）。

A. 轴承钢　　B. 锋钢　　C. 弹簧钢　　D. 渗氮钢

8. 石墨呈片状的铸铁是（　　）。

A. 灰铸铁　　B. 可锻铸铁　　C. 球墨铸铁　　D. 蠕墨铸铁

9. 石墨呈球状的铸铁是（　　）。

A. 灰铸铁　　B. 可锻铸铁　　C. 球墨铸铁　　D. 蠕墨铸铁

10. 变形铝合金中应用最广的是（　　）。

A. 防锈铝合金　　B. 硬铝合金　　C. 超硬铝合金　　D. 锻铝合金

11. 普通黄铜常用于制造（　　）零件。

A. 齿轮　　B. 弹簧　　C. 键　　D. 销

12. 常温下，冷却方式最快的是（　　）。

A. 水冷　　B. 盐水冷却　　C. 油冷　　D. 空气冷却

13. 对低碳钢或低碳合金钢，正火的目的是（　　）。

A. 细化晶粒　　B. 降低硬度　　C. 提高塑性　　D. 改善切削加工性

14. 时效处理的对象主要是（　　）。

A. 碳钢　　B. 合金钢　　C. 一般零件　　D. 精密量具

15. 不属于摩擦传动的传动带类型是（　　）。

A. 平带　　B. V带　　C. 圆带　　D. 同步带

16. 传动链的工作速度一般应小于（　　）。

A. 25 m/s　　B. 20 m/s　　C. 15 m/s　　D. 10 m/s

17. 渐开线齿轮传动的平稳性好主要是由于（　　）。

A. 制造精度高　　B. 传动效率高

C. 安装要求高　　D. 法向作用力方向不变

18. 传递功率和速度范围最大的是（　　）。

A. 带传动　B. 齿轮传动　C. 链传动　D. 摩擦轮传动

19. 平键的宽度公差一般选（　　）。

A. h8　B. H8　C. h9　D. H9

20. 不产生任何冲击的从动件运动规律是（　　）。

A. 等速运动规律　B. 等加速、等减速运动规律

C. 余弦加速度运动规律　D. 正弦加速度运动规律

21. 仅承受弯矩的轴称为（　　）。

A. 心轴　B. 转轴　C. 传动轴　D. 直轴

22. 极限转速最高的是（　　）轴承。

A. 7类　B. 6类　C. 5类　D. 3类

23. 与液压传动相比，气压传动的优点是（　　）。

A. 无泄漏　B. 无污染　C. 工作更平稳　D. 传动效率高

24. 节流阀控制油液的（　　）。

A. 压力　B. 流速　C. 流向　D. 通断

25. 电磁铁属于（　　）。

A. 控制电器　B. 主令电器　C. 保护电器　D. 执行电器

26. 刀开关可用来（　　）。

A. 自动接通电路　B. 自动断开电路

C. 手动接通或断开电路　D. 自动接通或断开电路

27. 电力驱动系统中电动机的启动、制动和调速常由（　　）来控制。

A. 控制电器　B. 主令电器　C. 保护电器　D. 执行电器

28. 配电装置线路的转换和遥控由（　　）控制。

A. 控制按钮　B. 行程开关　C. 接近开关　D. 万能转换开关

29. 对于容量小的电动机和照明支线，应选用的熔断器为（　　）。

A. RT0　B. RL1　C. RM10　D. RQA

30. 当外界温度达到规定值时产生动作的继电器是（　　）。

A. 电磁继电器 B. 温度继电器 C. 热继电器 D. 时间继电器

31. 直流电动机的最大优点是（ ）。

A. 承载能力大 B. 可靠性好

C. 调速平稳、经济 D. 维护方便

32. 常用的短路保护元件是（ ）。

A. 热继电器 B. 熔断器和断路器

C. KHV D. 过电流继电器

33. 企业所有行为的准则就是（ ）。

A. 战略方针 B. 质量方针 C. 安全方针 D. 市场方针

34. 产品质量的正常波动是不可避免的，如（ ）。

A. 机床振动过大 B. 原材料质量不合格

C. 刀具过度磨损 D. 量具有测量误差

35. 飞出的切屑打入眼睛造成受伤属于（ ）。

A. 绞伤 B. 物体打击 C. 烫伤 D. 刺割伤

36. 打击侵犯他人商业秘密的行为属于（ ）。

A. 保护发明专利 B. 制止不正当竞争

C. 保护版权 D. 保护高新技术产权

37. 当回转体零件上的平面在图形中不能充分表达时，可用两条相交的（ ）表示。

A. 粗实线 B. 细实线 C. 虚线 D. 点画线

38. 零件尺寸不要注成封闭的尺寸链，（ ）是选择开口环的依据。

A. 精度要求不高 B. 简洁

C. 美观 D. 对称

39. 公差带的位置由（ ）决定。

A. 上偏差 B. 下偏差 C. 标准公差 D. 基本偏差

40. 平行度属于（ ）。

A. 形状公差 B. 位置公差

C. 形状或位置公差 D. 既是形状又是位置公差

41. 零件图的技术要求是指（　　）。

A. 表面粗糙度　　B. 尺寸公差和形位公差

C. 热处理或表面处理　　D. 以上三项都是

42. 在零件图上标注尺寸，必须做到（　　）。

A. 不重复、不遗漏、正确和合理

B. 完整、正确、清晰和合理

C. 不重复、不遗漏、清晰和合理

D. 不重复、不遗漏、正确和清晰

43. 绘制内螺纹时，在投影为圆的视图上，表示牙底的细实线圆只画约（　　）。

A. 1/4 圈　　B. 2/4 圈　　C. 3/4 圈　　D. 1 圈

44. 一个工序的定义，强调的是（　　）。

A. 工作地点固定与工作连续

B. 只能加工一个工件

C. 只能由一个工人完成

D. 只能在一台机床上完成

45. 单件小批生产的特征是（　　）。

A. 毛坯粗糙，工人技术水平要求低

B. 毛坯粗糙，工人技术水平要求高

C. 毛坯精化，工人技术水平要求低

D. 毛坯精化，工人技术水平要求高

46. 必须保证所有加工表面都有足够的加工余量、保证零件加工表面和不加工表面之间具有一定的位置精度这两个基本要求的基准称为（　　）。

A. 精基准　　B. 粗基准　　C. 工艺基准　　D. 辅助基准

47. 工件在夹具中定位时，按照定位原则最多限制（　　）自由度。

A. 5 个　　B. 6 个　　C. 7 个　　D. 8 个

48. 保证已确定的工件位置在加工过程中不发生变更的装置，称为（　　）装置。

A. 定位　　B. 夹紧　　C. 导向　　D. 连接

49. 为保证工件在夹具中加工时不会引起振动，夹紧力的作用点应选择在（　　）表面。

A. 工件未加工　B. 靠近加工　C. 工件已加工　D. 刚度不足的

50.（　　）是指确定工件在机床上或夹具上占有正确位置的过程。

A. 定位　B. 夹紧　C. 安装　D. 定位并夹紧

51. 车削细长轴，要使用中心架或跟刀架来增加工件的（　　）。

A. 刚度　B. 强度　C. 韧性　D. 耐磨性

52. 对于形状复杂、重、大的铸锻件毛坯，往往进行（　　）。

A. 直接找正　B. 划线找正　C. 夹具定位　D. 吸盘定位

53. 背吃刀量一般指工件上（　　）间的垂直距离。

A. 待加工表面和过渡表面　B. 过渡表面和已加工表面

C. 已加工表面和待加工表面　D. 过渡表面中点和已加工表面

54. 切削层的形状和尺寸规定在刀具的（　　）中度量。

A. 切削平面　B. 正交平面　C. 基面　D. 工作平面

55. 基面要垂直于假定的（　　）方向。

A. 进给运动　B. 辅助运动　C. 合成运动　D. 主运动

56. 拉刀、铰刀等应取（　　）的后角，以增加刀具刃磨次数，延长刀具的使用寿命。

A. 较大正值　B. 较小正值　C. 较大负值　D. 较小负值

57. 下列K类（钨钴类）硬质合金牌号中，（　　）的韧性最好。

A. K10　B. K20　C. K30　D. K40

58. 切削塑性较大的金属材料时，形成（　　）切屑。

A. 带状　B. 挤裂　C. 粒状　D. 崩碎

59. 高速度、高效率、高刚度和大功率是数控机床的发展趋势，因此，数控加工刀具必须具有很好的（　　）。

A. 刚度　B. 互换性　C. 可靠性　D. 精度

60. 下列刀片形状中，按通用性逐渐增强排列的是（　　）。

A. 圆形，三角形，菱形，正方形

B. 菱形，三角形，正方形，圆形

C. 三角形，圆形，菱形，正方形

D. 圆形，正方形，三角形，菱形

61. 在条件许可时，型腔（内孔）加工优先选用（　　）车刀。

A. 矩形柄　　B. 正方形柄　　C. 圆柄　　D. 菱形柄

62. 以下没有自动编程功能的软件是（　　）。

A. 宇龙数控加工仿真软件　　B. UG 软件

C. MasterCAM 软件　　D. SolidWorks 软件

63. 零件加工程序的程序段由若干个（　　）组成。

A. 功能字　　B. 字母　　C. 参数　　D. 地址

64. 下列正确的功能字是（　　）。

A. N8.5　　B. N♯1　　C. N－3　　D. N0005

65. 数控机床的 F 功能常用（　　）单位。

A. m/min　　B. mm/min 或 mm/r

C. m/r　　D. r/min

66. 下列 G 指令中（　　）是非模态指令。

A. G02　　B. G42　　C. G53　　D. G54

67. 数控系统所规定的最小设定单位就是数控机床的（　　）。

A. 运动精度　　B. 加工精度　　C. 脉冲当量　　D. 传动精度

68. 下列关于数控编程时假定机床运动的叙述，正确的是（　　）。

A. 以数控机床实际进给运动是工件的运动为假设依据

B. 以数控机床实际主运动是刀具的运动为假设依据

C. 统一假定数控切削主运动是刀具的运动，工件静止

D. 统一假定数控进给运动是刀具的运动，工件静止

69. 绕 *X* 轴旋转的回转运动坐标轴是（　　）。

A. *A* 轴　　B. *B* 轴　　C. *U* 轴　　D. *I* 轴

70. 数控刀具的刀位点就是指数控加工中的（　　）。

A. 对刀点

B. 刀架中心点

C. 代表刀具在坐标系中位置的理论点

D. 换刀位置的点

71. “G00 X30 Z6.0；G01 W15.0 F0.5；”执行后实际插补移动量为（　　）。

A. 6 mm　B. 9 mm　C. 15 mm　D. 21 mm

72. 表示第一切削液打开的指令是（　　）。

A. M06　B. M07　C. M08　D. M09

73. 辅助功能中控制主轴的指令是（　　）。

A. M00　B. M01　C. M04　D. M99

74. 恒线速度控制的主要作用是（　　）。

A. 延长刀具寿命　B. 防止撞刀

C. 提高加工质量　D. 提高加工效率

75. 辅助功能中表示无条件程序暂停的指令是（　　）。

A. M00　B. M01　C. M02　D. M30

76.（　　）不是工件坐标系的选择指令。

A. G50　B. G54　C. G56　D. G59

77. G01 指令的移动速度值（　　）。

A. 由数控程序指定　B. 由操作面板指定

C. 由机床参数指定　D. 在机床出厂时固定，不能改变

78. 用 G02/G03 指定圆弧编程时，圆心坐标 I、J、K 为圆心相对于（　　）分别在 X、Y、Z 坐标轴上的增量。

A. 圆弧起点　B. 圆弧终点　C. 圆弧中点　D. 圆弧半径

79. 下列关于循环的叙述，正确的是（　　）。

A. 循环的含义是运动轨迹的封闭性

B. 循环的含义是可以反复执行一组动作

C. 循环的终点与起点重合

D. 循环可以减少切削次数

80. “G94 X_ Z_ K_ F_;”车削端面圆锥时，K 为圆锥面的（ ）与切削终点的轴向坐标差。

A. 外径　B. 端面　C. 切削起始点　D. 循环起始点

81. FANUC 复合固定循环 G71、G72、G73 程序段中的 F、S、T，对（ ）有效。

A. 粗加工　B. 精加工　C. 半精加工　D. 粗加工和精加工

82. 使用 G92 螺纹车削循环指令时，指令中 F 后面的参数为（ ）。

A. 螺距　B. 导程　C. 进给速度　D. 切削速度

83. 下列关于子程序的叙述，正确的是（ ）。

A. 子程序可以调用其他主程序

B. 子程序可以调用其他同层级的子程序

C. 子程序可以调用自己的上级子程序

D. 子程序可以调用自己本身

84. 数控车床刀具圆弧刀尖在加工（ ）时会产生加工误差。

A. 端面　B. 外圆柱　C. 内圆柱　D. 圆弧或圆锥

85. 程序中指定了（ ）时，刀尖圆弧半径补偿被撤销。

A. G40　B. G41　C. G42　D. G49

86. 在使用 G41 或 G42 指定刀补的过程中只能用（ ）指令。

A. G00　B. G00 或 G01　C. G01 或 G02　D. G02 或 G03

87. 在 G04 暂停功能指令中，（ ）参数的单位为 ms。

A. X　B. U　C. P　D. Q

88. 计算机辅助制造的英文缩写是（ ）。

A. CAD　B. CAE　C. CAM　D. CAPP

89. CAM 的加工仿真主要检验零件的（ ）。

A. 尺寸精度　B. 位置精度　C. 表面粗糙度　D. 形状

90. CAM 的型腔加工属于（ ）工艺范围。

A. 车削　B. 铣削　C. 磨削　D. 线切割

91. 数控加工仿真系统是运用虚拟现实技术来操作虚拟设备，而不能（　　）。

A. 检验数控程序　　B. 检测工艺系统的刚度

C. 编辑预输入数控程序　　D. 增加机床操作的感性认识

92. 数控车床屏幕上菜单中英文“FEED”所对应的中文是（　　）。

A. 切削液　B. 急停　C. 进给　D. 刀架转位

93. 一般数控机床断电后再开机，应首先进行回零操作，使机床回到（　　）。

A. 工件零点　B. 机床参考点　C. 程序零点　D. 起刀点

94. F进给倍率开关的调节对（　　）不起作用。

A. 提高效率　　B. 减小零件表面粗糙度值

C. 减小刀具磨损　　D. 提高零件尺寸精度

95. 下列关于目前数控机床程序输入方法的叙述，正确的是（　　）。

A. 一般只有手动输入

B. 一般只有接口通信输入

C. 一般都有手动输入和接口通信输入

D. 一般都有手动输入和穿孔纸带输入

96. 下列关于对刀方法的叙述，正确的是（　　）。

A. 试切对刀法对刀精度低，效率较低，一般用于单件小批量生产

B. 多刀加工对刀时，采用同一程序时必须用多个工件坐标系

C. 多刀加工对刀时，采用同一工件坐标系时必须用多个程序

D. 多刀加工对刀时，可采用同一程序、同一工件坐标系

97. 下列关于对刀器的叙述，不正确的是（　　）。

A. 对刀时，指针式对刀器与刀具接触，指针刻度显示接触位移值

B. 对刀时，光电式对刀器与刀具接触，红灯会亮

C. 对刀时，对刀器与刀具接触，红灯会亮，同时指针刻度显示接触位移值

D. 对刀时，对刀器与刀具接触，红灯会亮或指针刻度显示接触位移值

98. 刀具长度补偿值设置成负数，则表示（　　）。

A. 程序运行时将出错

B. 程序中的左刀补实际为右刀补

C. 程序中的刀具长度正补偿实际为刀具长度负补偿

D. 程序中的刀具补偿功能被撤销

99. 数字控制的英文缩写是（　　）。

A. MC　　B. FMC　　C. NC　　D. CNC

100. 研制生产出世界上第一台数控机床的国家是（　　）。

A. 美国　　B. 德国　　C. 日本　　D. 英国

101. 车削中心主轴除旋转主运动外，还可实现的运动有（　　）。

A. 伸缩运动　　B. 径向进给运动

C. 圆周进给运动　　D. Y 轴运动

102. 闭环进给伺服系统与半闭环进给伺服系统的主要区别在于（　　）。

A. 检测单元　　B. 伺服单元　　C. 位置控制器　　D. 控制对象

103. 直径 600 mm 以上的盘类零件加工一般选用（　　）。

A. 加工中心　　B. 车削中心　　C. 数控立式车床　　D. 数控卧式车床

104. 回转体类零件适合使用的加工机床是（　　）。

A. 数控车床　　B. 数控铣床　　C. 加工中心　　D. 数控刨床

105. 成批生产时，工序划分通常（　　）。

A. 采用分散原则　　B. 采用集中原则

C. 视具体情况而定　　D. 随便划分

106. 直接切除工序余量所消耗的时间称为（　　）。

A. 基本时间　　B. 辅助时间　　C. 作业时间　　D. 准终时间

107. 加工表面多而复杂的零件，工序常（　　）。

A. 按所用刀具划分　　B. 按安装次数划分

C. 按加工部位划分　　D. 按粗精加工划分

108. 轮廓加工时，刀具应从工件轮廓的（　　）。

A. 切线方向切入和切出

B. 法线方向切入和切出

C. 切线方向切入和法线方向切出

D. 法线方向切入和切线方向切出

109. 加工 $\phi30H7$、深 10 mm 的盲孔，宜选用的精加工方法是（　　）。

A. 扩孔　B. 钻孔　C. 车孔　D. 铰孔

110. 车削盲孔时，车孔刀的主偏角应该（　　）。

A. 大于 90°　B. 等于 90°　C. 小于 90°　D. 等于 75°

111. G1″圆柱管螺纹的牙型角为（　　）。

A. 15°　B. 30°　C. 55°　D. 60°

112. 内螺纹底孔直径应与螺纹的（　　）基本相同。

A. 小径　B. 中径　C. 大径　D. 公称直径

113. 数控车床上，切断刀一般不能加工（　　）。

A. 矩形槽　B. U 形槽　C. 尖底 V 形槽　D. 梯形槽

114. 加工一直径为 $\phi40$～50 mm 的端面槽，则端面切槽刀宽度最大可以为（　　）。

A. 4 mm　B. 6 mm　C. 8 mm　D. 10 mm

115. 加工 $\phi8H7$ 孔，采用钻、粗铰、精铰的加工方案，则铰孔前钻底孔的钻头直径约为（　　）。

A. 7.95　B. 7.9　C. 7.8　D. 7.7

116. 扩孔钻的结构与麻花钻相比，具有（　　）的特点。

A. 刚度较高、导向性好　B. 刚度较低、但导向性好

C. 刚度较高、但导向性差　D. 刚度较低、导向性差

117. 扩孔加工余量一般为（　　）。

A. 0.05～0.015 mm　B. 0.2～0.5 mm

C. 0.5～4 mm　D. 4～8 mm

118. 攻螺纹时，必须保证丝锥轴线与螺纹孔轴线（　　）。

A. 同轴　B. 平行　C. 垂直　D. 倾斜

119. 铰 $\phi20^{+0.021}_{0}$ 内孔，铰刀的极限偏差应为（　　）。

A. 上偏差+0.021，下偏差 0

B. 上偏差＋0.021，下偏差＋0.014

C. 上偏差＋0.014，下偏差＋0.007

D. 上偏差＋0.007，下偏差 0

120. 一个完整的测量过程应包括测量对象、测量方法、测量精度和（　　）。

A. 计量单位　B. 检验方法　C. 计量器具　D. 测量条件

121. 有一阶梯孔，中间孔为 $\phi40$、长 30 mm，两端孔分别为 $\phi50$、长 60 mm，现要测量 $\phi40$ 孔的直径，可以选用的计量器具为（　　）。

A. 游标卡尺　B. 杠杆百分表　C. 内径千分尺　D. 内径百分表

122. 用一条名义长度为 3 m，而实际长度为 2.995 m 的钢直尺进行测量时，每量 6 m，就会比实际长度（　　）。

A. 短 0.010 m　B. 长 0.010 m　C. 短 0.005 m　D. 长 0.005 m

123. 扳动高度游标卡尺时，应握持（　　）。

A. 划线规　B. 量爪　C. 尺身　D. 底座

124. 游标卡尺的零误差为－0.2 mm，游标卡尺直接读得的结果为 20.25 mm，那么物体的实际尺寸为（　　）。

A. 20.65 mm　B. 20.45 mm　C. 20.35 mm　D. 20.25 mm

125. 内径千分尺两个量爪的测量面形状是（　　）。

A. 固定量爪是平面，活动量爪是圆弧面

B. 固定量爪是圆弧面，活动量爪是平面

C. 都是平面

D. 都是圆弧面

126. 用杠杆百分表测量工件时，测量杆轴线与工件平面要（　　）。

A. 垂直　B. 平行　C. 倾斜 60°　D. 倾斜 45°

127. 内外沟槽卡尺属于（　　）。

A. 标准量具　B. 常规量具　C. 通用量具　D. 专用量具

128. 电感式轮廓仪主要用来测量表面粗糙度的（　　）参数。

A. R_z　B. R_a　C. S_m　D. R_y

129. 形位误差检测原则中的控制实效边界原则一般用于（　　）检验。

A. 平板　　B. 坐标测量仪　　C. 百分表　　D. 功能量规

130. 某轴端面全跳动公差为 0.025 mm，则该端面相对于轴线的垂直度公差（　　）。

A. 小于等于 0.025 mm　　B. 等于 0.025 mm

C. 小于 0.025 mm　　D. 可能大于 0.025 mm

131. 分度值为 0.01 mm 的外径千分尺的计量器具不确定度（　　）。

A. 小于 0.01 mm　　B. 等于 0.01 mm

C. 大于 0.01 mm　　D. 视测量范围而定

132. 采用带有变速齿轮的主传动主要是为了实现（　　）。

A. 低速段降低输出转矩

B. 低速段提高输出转矩

C. 高速段提高输出转矩

D. 高速段降低输出转矩

133. 数控机床与普通机床的进给传动系统的区别是数控机床采用（　　）。

A. 滑动导轨　　B. 滑动丝杠螺母副

C. 滚动导轨　　D. 滚珠丝杠螺母副

134. 下列滚珠丝杠螺母副间隙调整方法中，调整精度最高的是（　　）。

A. 垫片调隙式　　B. 齿差调隙式

C. 螺纹调隙式　　D. 单螺母变导程调隙式

135. 偏心套调整是通过两个齿轮的（　　）来消除齿轮传动间隙的。

A. 轴向相对位移增大　　B. 轴向相对位移减小

C. 中心距增大　　D. 中心距减小

136. 直流主轴电动机在额定转速以上的调速方式为（　　）。

A. 改变电枢电流　　B. 改变电枢电压

C. 改变磁通　　D. 改变电枢电阻

137. 数控机床滚珠丝杠每隔（　　）需要更换润滑脂。

A. 一天　　B. 一星期　　C. 半年　　D. 一年

138. 显示器无显示但机床能够动作，故障原因可能是（　　）。

A. 显示部分故障　　B. S倍率开关为0

C. 机床处于锁住状态　　D. 机床未回零

139. 机床行程极限不能通过（　　）设置。

A. 机床限位开关　　B. 机床参数

C. M代码　　D. G代码

140. 水平仪分度值为0.02 mm/1 000 mm，将该水平仪置于长500 mm的平板之上，偏差格数为2格，则该平板两端的高度差为（　　）。

A. 0.04 mm　B. 0.02 mm　C. 0.01 mm　D. 0.005 mm

数控车工（四级）理论知识试卷答案

一、判断题（第 1 题～第 60 题。将判断结果填入括号中。正确的填“√”，错误的填“×”。每题 0.5 分，满分 30 分）

1. √	2. √	3. √	4. ×	5. ×	6. ×	7. √	8. √	9. ×
10. √	11. √	12. ×	13. ×	14. √	15. ×	16. √	17. ×	18. √
19. √	20. √	21. ×	22. ×	23. √	24. √	25. ×	26. ×	27. √
28. √	29. ×	30. ×	31. ×	32. √	33. ×	34. √	35. √	36. √
37. ×	38. √	39. ×	40. ×	41. ×	42. ×	43. √	44. ×	45. ×
46. √	47. √	48. ×	49. √	50. ×	51. √	52. ×	53. √	54. ×
55. ×	56. ×	57. √	58. ×	59. √	60. ×			

二、单项选择题（第 1 题～第 140 题。选择一个正确的答案，将相应的字母填入题内的括号中。每题 0.5 分，满分 70 分）

1. A	2. A	3. D	4. A	5. A	6. C	7. B	8. A	9. C
10. B	11. B	12. B	13. D	14. D	15. D	16. C	17. D	18. B
19. C	20. D	21. A	22. B	23. B	24. B	25. D	26. C	27. B
28. D	29. D	30. B	31. C	32. B	33. B	34. D	35. D	36. B
37. B	38. A	39. D	40. B	41. D	42. B	43. C	44. A	45. B
46. B	47. B	48. B	49. B	50. A	51. A	52. B	53. C	54. C
55. D	56. B	57. D	58. A	59. A	60. D	61. C	62. A	63. A
64. D	65. B	66. C	67. C	68. D	69. A	70. C	71. C	72. B
73. C	74. C	75. A	76. A	77. A	78. A	79. B	80. C	81. A
82. B	83. B	84. D	85. A	86. B	87. C	88. C	89. D	90. B
91. B	92. C	93. B	94. D	95. C	96. D	97. C	98. C	99. C
100. A	101. C	102. A	103. C	104. A	105. C	106. A	107. C	108. A

109. C	110. A	111. C	112. A	113. C	114. A	115. C	116. A	117. C
118. A	119. C	120. A	121. D	122. B	123. D	124. B	125. D	126. B
127. D	128. B	129. D	130. B	131. D	132. B	133. D	134. B	135. D
136. C	137. C	138. A	139. C	140. B				

第 6 部分

操作技能考核模拟试卷

注 意 事 项

1. 考生根据操作技能考核通知单中所列的试题做好考核准备。

2. 请考生仔细阅读试题单中具体考核内容和要求，并按要求完成操作或进行笔答或口答，若有笔答请考生在答题卷上完成。

3. 操作技能考核时要遵守考场纪律，服从考场管理人员指挥，以保证考核安全顺利进行。

注：操作技能鉴定试题评分表及答案是考评员对考生考核过程及考核结果的评分记录表，也是评分依据。

国家职业资格鉴定

数控车工（四级）操作技能考核通知单

姓名：

准考证号：

考核日期：

试题 1

试题代码：1.1.1。

试题名称：轴类零件编程与仿真（一）。

规定用时：90 min。

配分：30 分。

试题 2

试题代码：2.1.1。

试题名称：轴类零件加工（一）。

规定用时：150 min。

配分：70 分。

数控车工（四级）操作技能鉴定

试 题 单

试题代码：1.1.1。

试题名称：轴类零件编程与仿真（一）。

规定用时：90 min。

1. 操作条件

（1）计算机。

（2）数控加工仿真软件。

（3）零件图样（图号 1.1.1）。

2. 操作内容

（1）编制数控加工工艺。

（2）手工编制加工程序。

（3）数控加工仿真。

3. 操作要求

在指定盘符路径建立一文件夹，文件夹名为考生准考证号，数控加工仿真结果保存至该文件夹。文件名：考生准考证号 _ FZ。

（1）填写数控加工工艺卡片和数控刀具卡片。

（2）虚拟外圆车刀和车孔刀的刀尖圆弧半径不允许设定为零。

（3）螺纹底径按螺纹手册规定编制。

（4）螺纹左旋、右旋以虚拟仿真机床为准。

（5）每次装夹加工只允许有一个主程序。

（6）第一次装夹加工主程序名为 O0001（FANUC）或 P1（PA），第二次装夹加工主程序名为 O0002（FANUC）或 P2（PA）。

注：盘符路径由鉴定站所在鉴定时指定。

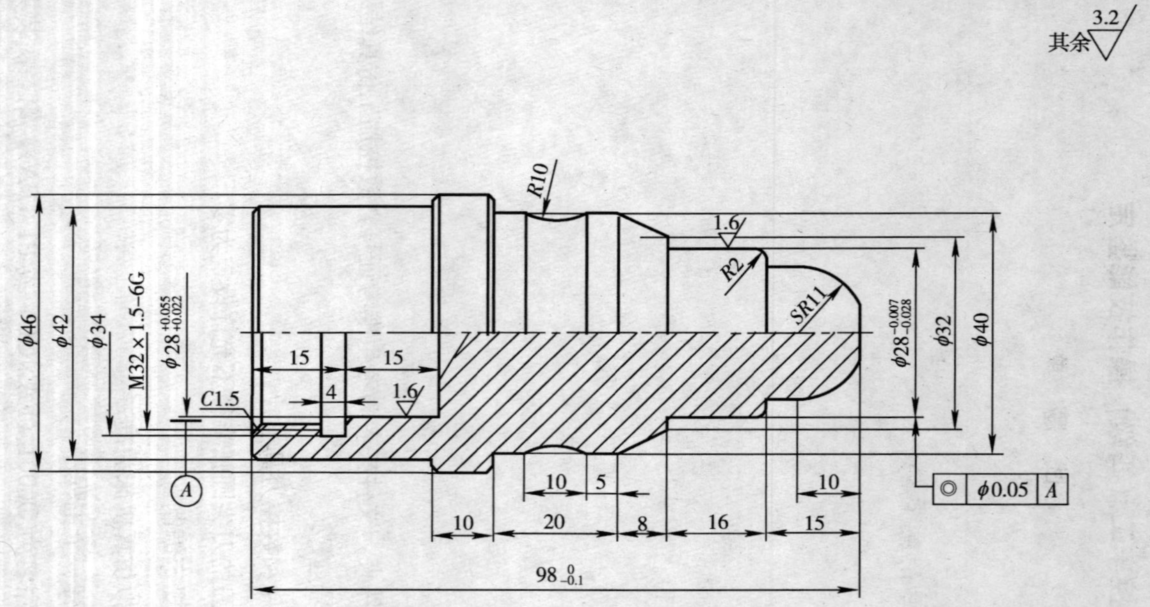

技术要求
1.未注倒角C1。
2.毛坯φ50×100(孔φ25×37)。

					45钢					轴类零件编程与仿真（一）
标记	处数	更改文件号	签字	日期						
设计		标准化			图样标记			质量	比例	1.1.1
校对		审定								
审核										数控车工（四级）试题
工艺		日期			共 页		第 页			

数控车工（四级）操作技能鉴定

答 题 卷

考生姓名：　　　　　　　　　　准考证号：

试题代码：1.1.1。

试题名称：轴类零件编程与仿真（一）。

规定用时：90 min。

数控加工工艺卡片

轴类零件编程与仿真单元数控加工工艺卡			零件代号		材料名称	零件数量
						1
设备名称		系统型号	夹具名称		毛坯尺寸	
工序号	工序内容	刀具号	主轴转速 (r/min)	进给量 (mm/r)	背吃刀量 (mm)	备注
编制		审核	批准	年　月　日	共 1 页	第 1 页

数控刀具卡片

序号	刀具号	刀具名称	刀片/刀具规格	刀尖圆弧半径	刀具材料	备注

编制		审核		批准		年　月　日	共 1 页	第 1 页

数控车工（四级）操作技能鉴定

试题评分表及答案

考生姓名：　　　　　　　　　　准考证号：

试题名称及编号		1.1.1　轴类零件编程与仿真（一）			考核时间					90 min
评价要素		配分	等级	评分细则	评定等级					得分
					A	B	C	D	E	
1	工艺卡片：工步内容、切削参数	5	A	工序、工步、切削参数合理						
			B	1个工步、切削参数不合理						
			C	2个工步、切削参数不合理						
			D	3个及以上工步、切削参数不合理						
			E	未答题						
2	工艺卡片：其他各项（夹具、材料、NC程序文件名、使用设备等）	1	A	填写完整、正确						
			B	—						
			C	—						
			D	漏填或填错1项及以上						
			E	未答题						
3	数控刀具卡片	2	A	刀具选择合理，填写完整						
			B	—						
			C	1把刀具不合理或漏选						
			D	2把及以上刀具不合理或漏选						
			E	未答题						
4	内外圆、槽、螺纹加工程序与实体加工仿真	16	A	正确而且简洁高效						
			B	正确但效率不高						
			C	—						
			D	不正确						
			E	未答题						

续表

试题名称及编号		1.1.1 轴类零件编程与仿真（一）			考核时间					90 min
评价要素		配分	等级	评分细则	评定等级					得分
					A	B	C	D	E	
5	$\phi28_{-0.028}^{-0.007}$	2	A	符合公差要求						
			B	—						
			C	—						
			D	不符合公差要求						
			E	未答题						
6	$\phi28_{+0.022}^{+0.055}$	2	A	符合公差要求						
			B	—						
			C	—						
			D	不符合公差要求						
			E	未答题						
7	刀尖圆弧半径补偿	2	A	含圆锥、圆弧的外圆加工程序使用了正确的刀尖圆弧半径补偿						
			B	—						
			C	—						
			D	没使用正确的刀尖圆弧半径补偿						
			E	未答题						
合计配分		30	合计得分							
备注	1. 程序“简洁高效”是指能采用正确的循环指令，循环指令参数设定正确，没有明显的空刀现象 2. 程序“效率不高”是指所选编程指令不是最合适的，或者参数设定不合理，有明显的空刀现象									

考评员（签名）：

等级	A（优）	B（良）	C（及格）	D（差）	E（未答题）
比值	1.0	0.8	0.6	0.2	0

“评价要素”得分＝配分×等级比值。

数控车工（四级）操作技能鉴定

试　题　单

试题代码：2.1.1。

试题名称：轴类零件加工（一）。

规定用时：150 min。

1. 操作条件

（1）数控车床（FANUC或HASS）。

（2）外圆车刀、车孔刀、外径千分尺、内径千分尺、游标卡尺等工量具。

（3）零件图样（图号2.1.1）。

（4）提供的数控程序已在机床中。

2. 操作内容

（1）根据零件图样（图号2.1.1）和加工程序完成零件加工。

（2）零件尺寸自检。

（3）文明生产和机床清洁。

3. 操作要求

（1）根据零件图样（图号2.1.1）和数控程序说明单安排加工顺序。

（2）根据数控程序说明单安装刀具、建立工件坐标系、输入刀具参数。

（3）程序中的切削参数没有实际指导意义，学员要能阅读程序并根据实际加工要求调整切削参数。

（4）按零件图样（图号2.1.1）完成零件加工。

（5）操作过程中发生撞刀等严重生产事故者，鉴定立即终止。

FANUC系统程序说明单

程序号	刀具名称	刀尖圆弧半径	刀具、刀补号	工件坐标系位置	主要加工内容
O2111	93°外圆车刀	$R0.8$	T0101	工件右端面中心	$\phi25_{-0.053}^{-0.020}$、$R18$ 外圆等

续表

程序号	刀具名称	刀尖圆弧半径	刀具、刀补号	工件坐标系位置	主要加工内容
O2112	93°外圆车刀	$R0.8$	T0101	工件左端面中心	$\phi36$、$\phi46_{-0.2}^{-0.1}$外圆
O2113	$\phi16$ 车孔刀	$R0.4$	T0202	工件左端面中心	$\phi28$、$\phi24_{0}^{+0.033}$内孔
备注	1. 本程序说明单顺序与实际加工顺序无关 2. 天山路 1800 号鉴定点 FANUC 0i 系统数控车床的外圆车刀装在上刀架，车孔刀装在下刀架，全部刀面向上。注意主轴旋转方向和 X 坐标正负				

PA 系统程序说明单

程序号	刀具名称	刀尖圆弧半径	刀补号	坐标偏置	工件坐标系位置	主要加工内容
P2111	93°外圆车刀	$R0.8$	D01	G54	工件右端面中心	$\phi25_{-0.053}^{-0.020}$、$R18$ 外圆等
P2112	93°外圆车刀	$R0.8$	D01	G54	工件左端面中心	$\phi36$、$\phi46_{-0.2}^{-0.1}$外圆
P2113	$\phi16$ 车孔刀	$R0.4$	D02	G55	工件左端面中心	$\phi28$、$\phi24_{0}^{+0.033}$内孔
备注	1. 本程序说明单顺序与实际加工顺序无关 2. 天山路 1800 号鉴定点 PA 系统数控车床的外圆车刀、车孔刀的刀位点为刀尖圆弧中心					

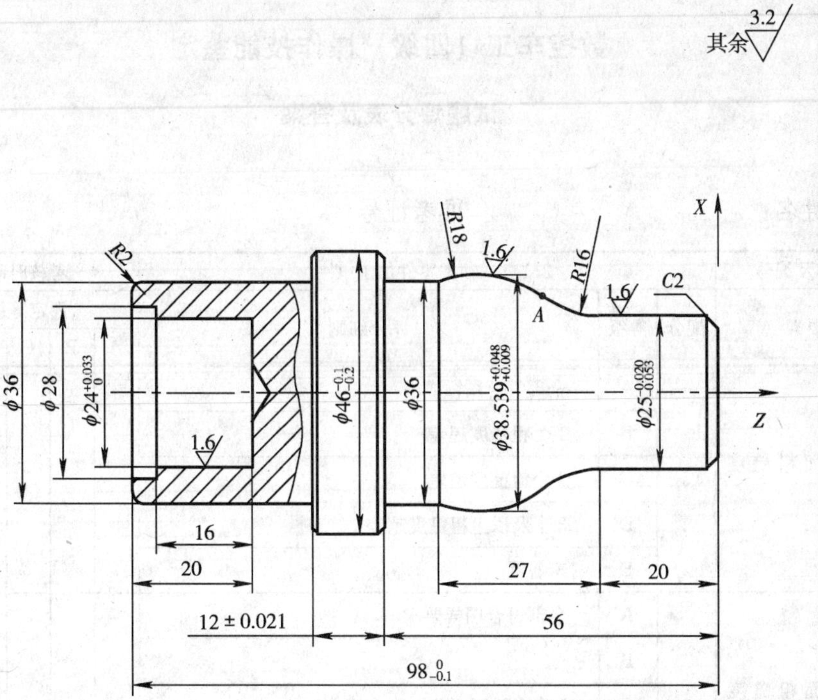

A:X31.371,Z–29.581

技术要求
未注倒角*C*1。

					45钢				轴类零件加工（一）
标记	处数	更改文件号	签字	日期					
设计		标准化			图样标记		质量	比例	2.1.1
校对		审定						1∶1	
审核									
工艺		日期			共　页		第　页		数控车工（四级）试题

数控车工（四级）操作技能鉴定

试题评分表及答案

考生姓名：　　　　　　　　准考证号：

试题名称及编号		2.1.1　轴类零件加工（一）			考核时间					150 min
评价要素		配分	等级	评分细则	评定等级					得分
					A	B	C	D	E	
1	表面粗糙度 $R_a3.2$	5	A	全部符合图样要求						
			B	1个粗糙度超差						
			C	2个粗糙度超差						
			D	3个及以上粗糙度超差						
			E	未答题						
2	表面粗糙度 $R_a1.6$	5	A	全部符合图样要求						
			B	—						
			C	1个粗糙度超差						
			D	2个及以上粗糙度超差						
			E	未答题						
3	未注尺寸公差按照GB/T 1804—M	10	A	全部符合未注公差要求						
			B	1个尺寸超差						
			C	2个尺寸超差						
			D	3个及以上尺寸超差						
			E	未答题						
4	$\phi38.539^{+0.048}_{+0.009}$	10	A	符合公差要求						
			B	超差≤0.015						
			C	0.015<超差≤0.03						
			D	超差>0.03						
			E	未答题						

续表

试题名称及编号		2.1.1　轴类零件加工（一）			考核时间					150 min
评价要素		配分	等级	评分细则	评定等级					得分
					A	B	C	D	E	
5	$\phi25_{-0.053}^{-0.020}$	10	A	符合公差要求						
			B	超差≤0.015						
			C	0.015<超差≤0.03						
			D	超差>0.03						
			E	未答题						
6	$\phi46_{-0.2}^{-0.1}$	2	A	符合公差要求						
			B	超差≤0.015						
			C	0.015<超差≤0.03						
			D	超差>0.03						
			E	未答题						
7	$\phi24_{0}^{+0.033}$	10	A	符合公差要求						
			B	超差≤0.015						
			C	0.015<超差≤0.03						
			D	超差>0.03						
			E	未答题						
8	12±0.021	10	A	符合公差要求						
			B	超差≤0.015						
			C	0.015<超差≤0.03						
			D	超差>0.03						
			E	未答题						
9	$98_{-0.1}^{0}$	4	A	符合公差要求						
			B	超差≤0.015						
			C	0.015<超差≤0.03						
			D	超差>0.03						
			E	未答题						

续表

试题名称及编号		2.1.1　轴类零件加工（一）		考核时间					150 min
评价要素	配分	等级	评分细则	评定等级					得分
				A	B	C	D	E	
10 安全生产与文明操作	4	A	操作文明安全，工完场清						
		B	操作较文明，场地整理清洁						
		C	操作不规范，清洁不到位						
		D	操作野蛮，没整理清洁						
		E	未答题						
合计配分	70		合计得分						

考评员（签名）：

以下情况为否决项（出现以下情况本部分不予评分，按 0 分计）：

(1) 任一项尺寸超差 0.5 mm 以上（≤2 mm 的倒角和倒圆除外），不予评分。

(2) 零件加工不完整（≤2 mm 的倒角和倒圆除外），不予评分。

(3) 零件有严重的碰伤、过切，不予评分。

(4) 操作过程中发生撞刀等严重生产事故者，立刻终止其鉴定。

(5) 同类刀片只允许使用一片。

等级	A（优）	B（良）	C（及格）	D（差）	E（未答题）
比值	1.0	0.8	0.6	0.2	0

“评价要素”得分＝配分×等级比值。